锂离子电池智能制造

崔少华　编著

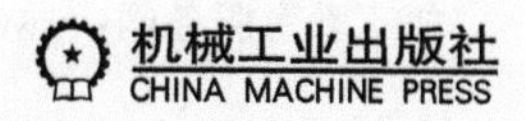

本书是“21700动力锂电池智能制造新模式项目”的结题成果，项目归口管理部门是工业和信息化部。本书主要介绍了锂离子电池国内外发展现状、锂离子电池原理和生产工艺、锂离子电池智能制造及智能化工厂、项目技术路线、项目实施的意义、关于锂离子电池汽车产业发展的建议，并对下一代智能工厂进行了展望。

本书可作为锂离子电池制造企业的培训用书，也可供高等院校相关专业师生和电动汽车企业的技术人员参考。

图书在版编目（CIP）数据

锂离子电池智能制造／崔少华编著．—北京：机械工业出版社，2021.2（2024.2重印）
ISBN 978-7-111-67484-9

Ⅰ.①锂…　Ⅱ.①崔…　Ⅲ.①锂离子电池-生产工艺　Ⅳ.①TM912.05

中国版本图书馆CIP数据核字（2021）第025512号

机械工业出版社（北京市百万庄大街22号　邮政编码100037）
策划编辑：陈玉芝　　责任编辑：陈玉芝　王振国
责任校对：陈　越　　封面设计：张　静
责任印制：常天培
固安县铭成印刷有限公司印刷
2024年2月第1版第5次印刷
169mm×239mm·7.75印张·94千字
标准书号：ISBN 978-7-111-67484-9
定价：39.80元

电话服务
客服电话：010-88361066
010-88379833
010-68326294

网络服务
机　工　官　网：www.cmpbook.com
机　工　官　博：weibo.com/cmp1952
金　书　网：www.golden-book.com
机工教育服务网：www.cmpedu.com

Preface

前　言

2012年，国务院印发的《节能与新能源汽车产业发展规划（2012—2020年）》提出：到2020年，纯电动汽车和插电式混合动力汽车生产能力达200万辆、累计产销量超过500万辆；动力电池模块比能量达到300W·h/kg以上，成本降至1.5元/（W·h）以下。2015年5月，国务院发布的《中国制造2025》提出了十大重点发展领域，其中之一便是“节能与新能源汽车”，要求继续支持电动汽车、燃料电池汽车发展，提升动力电池等核心技术的工程化和产业化能力，形成从关键零部件到整车的完整工业体系和创新体系，推动自主品牌节能与新能源汽车同国际先进水平接轨。2016年12月29日，国务院印发了《“十三五”国家战略性新兴产业发展规划》，其中第五条明确表示“推动新能源汽车、新能源和节能环保产业快速壮大，构建可持续发展新模式”，并再次强调，到2020年新能源汽车年产销200万辆以上，累计产销超过500万辆。同时，还明确提出要建设具有全球竞争力的动力电池产业链，培育并发展一批具有持续创新能力的动力电池企业。

在国家大力发展新能源汽车产业的大背景下，以电池、电驱动、电控为核心的“三电”技术进步就显得越来越重要。特别是动力电池，其成本占纯电动新能源整车成本的1/2以上，而且作为化学储能单元，存在很大的安全风险和隐患。动力电池的一致性提高和制造成本降低，是新能源电动汽车安全性提升和产业化发展的重要支点。

本书是2018年工业和信息化部“21700动力锂电池智能制造新模式项目”的结题成果，旨在通过建设智能化的动力电池工厂项目，重点提高动力电池产品制造的一致性难题，改善电池系统成组后的安全特性；通过智能化的车间管理和工厂运营，降低电池生产的制造成本和人工成本，进而满足动力电池成本稳步下降的市场趋势，满足新能源汽车产业化发展的需要。

此外，本书通过对建设智能化工厂的研究，总结了建设智能化工厂的相关要素，并由此探索下一代智能化工厂未来的发展趋势。

在本书编写过程中，参阅了相关文献资料，在此向这些文献资料的作者表示衷心感谢！

由于编写水平有限，书中难免存在不足之处，恳请广大读者批评指正。

编　者

Contents

目　录

第1章 绪 论

01

1.1_ 研究背景

当前，全球技术创新与经济复苏日趋活跃。汽车产业涉及的数字化、网络化、智能化、以及新能源、新材料、新装备等技术创新较全面，并拥有大规模的载体与平台，因此再次成为工业革命和工业化水平的代表性产业。无论从建设制造强国，创新驱动发展，还是国民经济的可持续健康发展，具有大规模效应与产业关联带动作用的汽车产业都是战略必争产业。因此，近年来，新能源与新能源汽车产业 已成为各国竞相扶持和鼓励的产业。

我国政府将新能源与新能源汽车产业提升到战略高度，列入国家七大战略性新兴产业。习近平总书记指出，发展新能源汽车是我国从汽车大国迈向汽车强国的必由之路。

2012 年，国务院印发的《节能与新能源汽车产业发展规划（2012—2020 年）》提出：到 2020 年，纯电动汽车和插电式混合动力汽车生产能力达 200 万辆、累计产销量超过 500 万辆；动力电池模块比能量达到 300W · h/kg以上，成本降至 1.5 元/（W · h）以下。2015 年 5 月，国务院发布的《中国制造 2025》提出了十大重点发展领域，其中之一便是“节能与新能源汽车”，要求继续支持电动汽车、燃料电池汽车发展，提升动力电池等核心技术的工程化和产业化能力，形成从关键零部件到整车的完整工业体系和创新体系，推动自主品牌节能与新能源汽车同国际先进水平接轨。2016 年 12 月 29 日，国务院印发了《“十三五”国家战略性新兴产业发展规划》，其中第五条明确表示“推动新能源汽车、新能源和节能环保产业快速壮大，构建可持续发展新模式”，并再次强调，到 2020 年新能源汽车年产销 200 万辆以上，累计产销超过 500 万辆。同时，还明确提出要建设具有全球竞争力的动力电池产业链，培育并发展一批具有持续创新能力的动力电池企业。

在国家大力发展新能源汽车产业的大背景下，以电池、电驱动、电控为核心的“三电”技术进步就显得越来越重要。特别是动力电池，成本占纯电动新能源整车成本的 1/2 以上，而且作为化学储能单元，存在很大的安全风险和隐患。动力电池的一致性提高和制造成本降低，是新能源电动汽车安全性提升和产业化发展的重要支点。

欧美国家也在积极推动新能源汽车的发展，如挪威、法国和英国已经宣布，将逐渐淘汰燃油车，以更加清洁的纯电动或混合动力车型代替。其中，挪威设定的最后期限是 2025 年，英国和法国设定的最后期限是 2040 年。我国也正在商定传统燃油汽车的退出时间。

近年来锂离子电池发展迅猛，其应用涵盖了电动汽车、储能和各类型电动工具等领域，其中新能源汽车、储能等领域的产业规模将在未来几年保持成倍的增长态势，将极大地刺激锂离子电池的生产需求。在新能源汽车市场需求的拉动下，我国锂离子电池产业的发展规模迅猛扩大，磷酸铁锂电池、高镍三元电池和锰酸锂电池等技术得到了飞速发展。预计未来几年，锂离子电池行业的市场容量将保持稳定的增长，到 2022 年我国锂离子电池行业的销售收入有望达到 2129 亿元左右。

1.2_ 课题研究的目的与意义

现代社会对石化能源的利用，带动了人类工业文明的进步。但是，地球上的石化燃料储量有限，并且石油的大量消耗带来了碳排放增加、环境污染等一系列问题。近年来，各国对能源供给安全的关心显著加强。因此，发展新能源产业，减少对以石油为代表的传统能源的依赖，对国家的经济发展、能源供给安全等，均有着战略层面上的重要意义。

在各个耗能领域，交通运输领域的石油消耗十分突出，既增加了国民经济对石化能源的依赖，又加深了能源生产与消费之间的矛盾，同时 CO_2 排放持续增加。随着资源与环境双重压力的持续增大，为缓解石油资源短缺局面，降低汽车燃油对环境的污染，发展新能源汽车已成为未来汽车工业发展的方向。

首先，发展新能源汽车是节能减排的需要。我国自 2007 年以来一直是全球能源性碳排放较多的国家，2010 年碳排放达到 75 亿 t。2020 年我国汽车保有量有望超过美国，每年消耗成品油 3 亿 t 以上。因此，发展新能源汽车，自然成为节能减排的重要着手点，也是直接降低对石油依赖度的手段，有利于缓解日益突出的能源安全和环境问题。

其次，发展新能源汽车是消费市场的需要。截止到 2019 年，我国的人均汽车保有量大约是 0.19 辆，虽然我国汽车保有量比较大，但是人均汽车保有量还是比较低的。美国的人均汽车保有量大约是 0.8 辆，日本的人均汽车保有量大约是 0.60 辆。我国汽车市场的潜力在过去几年得到了相当大的释放。汽车消费依然旺盛，截止到 2019 年 6 月底，全国汽车保有量已达 2.5 亿辆。如此火爆的车市，根本原因在于全民经济的发展，普通家庭成为汽车消费市场的绝对主力。汽车作为一种商品，其“经济适用性”成为广大普通消费者的关键考量标准。然而国内油价与世界接轨并持续走高，已成消费者对行车成本的最大忧虑。因此，油耗低甚至零油耗的新能源汽车，便呼之欲出了。车企纷纷推出自己的节能汽车，争取消费终端，谋求利润和市场份额。

发展与使用电能的新能源汽车，对整个经济社会起到积极作用。首先，可减小交通领域的碳排放，减少传统交通运输工具带来的废气、粉尘和噪声问题，有益于环保；其次，电力驱动汽车使得交通运输能源多样化、可再生化，降低国家对石油进口的能源依赖度，提高国家能源安全水平；最后，作为新兴产业，新能源汽车的整个产业链覆盖较广，可以带动电池、储能和电网等一系列行业进步，促进汽车产业的发展，因此被认为将是全球下一个重要的经济增长点，有利于我国经济长期可持续发展。

动力电池是新能源电动汽车的心脏，更是新能源汽车产业发展的关键。近年来，我国新能源汽车迅猛发展，在国家补贴政策的感召下，动力电池行业受到了资本市场的青睐，参与者纷纷涌入，给行业带来了具大的活力。然而，产业快速发展的同时，行业也出现了阶段性、结构性产能过剩。国家有关部委及时出台政策，提升电池技术准入和补贴门槛，三元材料渐渐成为高端动力电池的主流技术选择。但是，三元体系产品的高端制造产能受高技术壁垒的制约，出现严重不足。特别是随着后补贴时代的到来，动力电池产能结构将会发生重大的调整，整个动力电池行业将面临巨大的挑战。

动力电池是新能源汽车的核心部件，对新能源汽车行业发展起到举足轻重的作用。自2014年来，我国动力电池产业规模上虽然取得进步，但产品质量与制造水平还不足以支撑我国新能源汽车产业、健康发展，迫切需要通过建立智能制造新模式来解决目前主要存在的质量水平不高、平均制造成本过高和核心装备依赖进口三大问题。

（1）动力电池单体一致性低　由于动力电池的生产流程很长，工艺参数很多，如何在电极粉浆、涂敷、压切、卷绕、装备和化成各主要工序过程中确保单体电池的一致性，是行业普遍存在的难点。单体电池一致性直接决定了批量动力电池成组后的电性能乃至安全性能。

（2）动力电池制造和人工成本　新能源纯电动汽车整车成本近一半都是动力电池的成本，由于新能源汽车整车价格居高不下，汽车电动化的推进始终不能尽如人意。因此，要想让电动汽车走进普通家庭，必须要降低动力电池的成本。

（3）带动核心智能装备的国产化　动力电池产业作为知识密集型、资金密集型产业，产品性能的提升与原材料厂商和装备制造商整个产业链能力提升密切相关。因此，为了保持我国锂离子动力电池产业可持续的发展，必须要提高国产短板装备制造水平。

国际上，以松下、LG 和三星为代表的国际三巨头长期以来占据着市场的领先地位。在我国以力神、宁德时代、比亚迪（BYD）和合肥国轩为代表的众多企业，经过多年的积累和砥砺前行，在市场竞争中不断成长，目前已经能够与国际巨头一较高下。但我国还有大量中小规模的电池企业，由于技术落后不能满足市场不断提高的要求，使得我国动力电池行业产生了总体产能过剩，高端产能不足的结构性失衡。随着电池技术和新材料的不断进步以及市场需求，发展高端产能势在必行，发展锂离子电池智能制造也尤为重要。

本课题对锂离子动力电池生产成本高、单体一致性低，以及生产过程对智能装备、质量管控、精细化生产管理等智能化要求高的特点进行研究，旨在通过建设智能化的动力电池工厂，重点提高动力电池产品制造的一致性，改善电池系统成组后的安全特性。通过智能化的车间管理和工厂运营，降低动力电池生产的制造成本和人工成本，满足动力电池成本稳步下降的市场趋势，满足新能源汽车产业化发展的需要。

第2章
锂离子电池国内外发展现状

2.1_ 国外发展现状

随着全球能源危机和环境污染问题的日益突出，节能、环保等有关行业的发展被国际社会高度关注，发展新能源汽车已经在全球范围内形成共识。不仅各国政府先后公布了禁售燃油车的时间计划，各大国际整车企业也陆续发布了自己的新能源汽车发展战略。

在此背景下，全球新能源汽车销售量从 2011 年的 5.1 万辆增长至 2019 年的 120.6 万辆，8 年时间销量增长了 22.6 倍。而且随着支持政策持续推动、技术进步、消费者习惯改变、配套设施普及等因素影响不断深入，据高工产研锂电研究所（GGII）预计 2022 年全球新能源汽车销量将达到 600 万辆，相比 2016 年增长 5.6 倍（见图 2－1）。

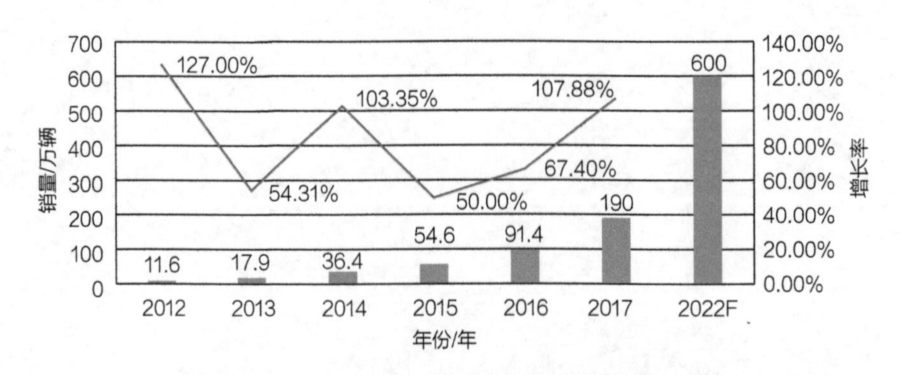

图 2－1　2012—2022 年全球新能源汽车销量及预测

近年来，随着新能源汽车与新能源产业的快速发展，尤其是新能源汽车用锂电池需求得到显著提升。预计未来几年，新能源汽车的发展将成为锂电池主要驱动力量和产业的主导市场。2017 年全球应用于电动汽车动力电池规模为 71GW · h，是消费电子、动力、储能三大板块中增量最大的板块。GGII 预计到 2022 年全球电动汽车锂电池需求量将超过 340GW · h，规模是 2016 年的 7 倍（见图 2－2）。

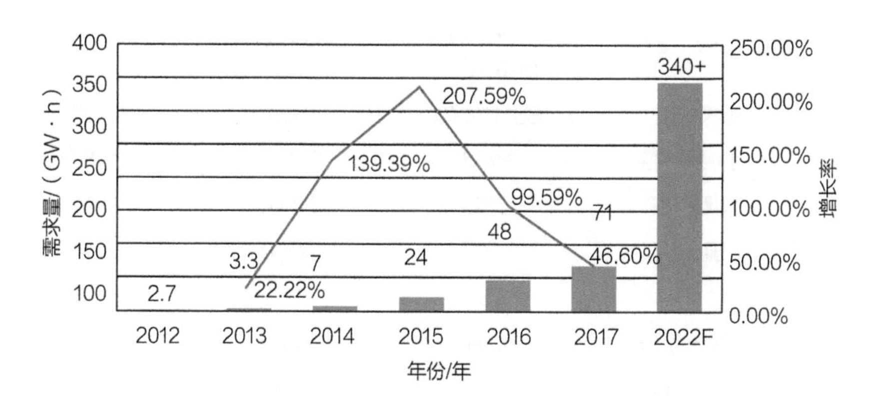

图 2－2　2012—2022 年全球动力电池需求量分析

2.2_ 国内发展现状

在国家新能源汽车政策的引导下，仅仅在 2017 年，多家新能源汽车厂家开始了“军备竞赛”，在全国各地开始了各自产业基地的建设，这些新建成的车辆产能将在 2020 年得到集中释放。那么，这些车辆所需要的配套动力电池产能也需要同步达成。

以天津力神电池股份有限公司（简称力神电池）为例，经过多年的市场耕耘，该公司在乘用车市场已经占有了一定地位，与多家车厂建立了良好的合作关系，根据 2019 年需求统计（见表 2－1），力神电池三元方型动力电池产品市场总需求约 8GW · h，而公司三元方型电池产线实际产能仅为1.8GW·h，本项目的实施正是为了在短期内弥补产能的缺口，占据市场竞争优势。

表2-1 天津力神电池股份有限公司纯电动乘用车2019年动力电池产品需求统计

序号	客户名称	车型代号	2019年需求/（组或套）	对应产能需求/（GW·h）
1	威马	EX-5/6/7	50000	2.74
2	东软睿驰（本田）	广本彬致 东本XRV	32000	1.70
3	重庆长安	B311/A301	25000	1.08
4	雷诺（易捷特）	kwid	23500	0.62
5	东风小康	E513	10000	0.52
6	EK（德国，SONO）	—	5000	0.18
7	观致-华兴	C61	6000	0.37
8	观致-华兴	C41	3000	0.19
9	江铃汽车	L500	2000	0.16
10	江铃汽车	N330BEV	3000	0.15
11	山西大运	M171	2000	0.14
12	山西大运	S171	5000	0.17
13	裕隆（纳智捷）	LCEV	1500	0.07
合计			168000	8.09

第3章
锂离子电池

03

3.1_ 锂离子电池概述

锂离子电池是指分别用两个能可逆地嵌入与脱嵌锂离子的化合物作为正负极构成的二次电池。锂离子电池充电时，阴极中锂原子电离成锂离子和自由电子，并且锂离子向阳极运动与自由电子合成锂原子。放电时，锂原子从石墨晶体内阳极表面电离成锂离子和自由电子，并在阴极处合成锂原子。所以，在该电池中锂永远以锂离子的形态出现，不会以金属锂的形态出现，所以这种电池叫作锂离子电池。

锂离子电池是近年来出现的金属锂蓄电池的替代产品，电池的主要构成为正负极、电解质、隔膜以及外壳。正极采用能吸藏锂离子的碳极，放电时，锂变成锂离子，脱离电池阳极，到达锂离子电池阴极；负极的材料选择电位尽可能接近锂电位的可嵌入锂化合物，如各种碳材料包括天然石墨、中间相碳素微球等和金属氧化物。电解质采用 $LiPF_6$ 的乙烯碳酸酯、丙烯碳酸酯和低黏度二乙基碳酸酯等烷基碳酸酯搭配的混合溶剂体系。隔膜采用聚烯微多孔膜如聚乙烯（PE）、聚丙烯（PP）或它们的复合膜，尤其是 PP/PE/PP 三层隔膜不仅熔点较低，而且具有较高的抗穿刺强度，起到了热保险作用。外壳采用钢或铝材料，盖体组件具有防爆断电的功能。

锂离子电池具有能量密度高、寿命长、充放电倍率高和低温性能好等优点，广泛用于数码产品、家用电器、医疗器械、乘用车、商用车和特种电源等领域。锂离子电池按照外形可分为圆柱形锂离子电池、方形锂离子电池和扣式锂离子电池。由于圆柱形锂离子电池具有非常高的自动化水平、成熟的工艺和较高的安全性，其市场占有量不断提高。

3.2 锂离子电池原理

锂离子电池是指使用能吸入或解吸锂离子的碳素材料作为负极活性物质，使用能吸入或解吸锂离子并含有锂离子的金属氧化物作为正极活性物质，依据化学原理制成的可充电电池。电池充放电时，在正、负极反复吸入或解吸的是锂离子（Li^+），故而称之为锂离子电池。

锂离子电池主要包括正极、负极和电解质，它利用锂离子在正极和负极之间形成嵌入化合物的锂状态和电位的不同，通过自由电子的得失来实现充电和放电过程。充电时，Li^+从正极脱嵌，如图3－1所示。反应式为：

正极反应 $LiCoO_2 \leftrightarrow Li_{1-x}CoO_2 + xLi^+ + xe^-$

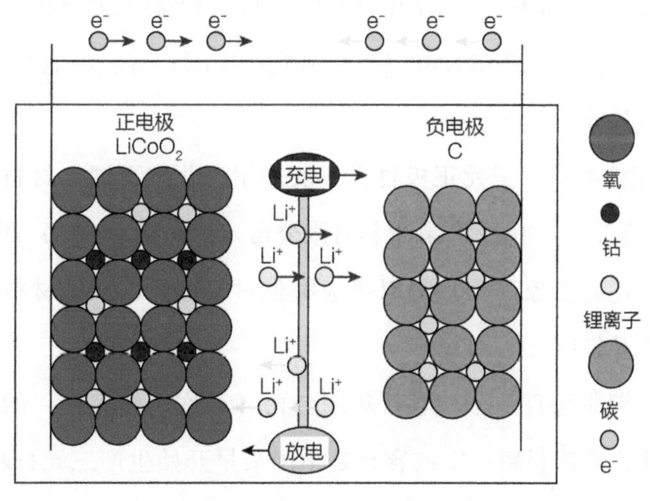

图3－1 锂离子电池工作原理示意图

负极反应 $6C + xLi^{+} + xe^{-} \leftrightarrow Li_{x}C_{6}$

电池总反应 $LiCoO_2 + 6C \leftrightarrow Li_{1-x}CoO_2 + Li_{x}C_{6}$

在正极材料 $LiCoO_2$ 中，锂基本以离子状态存在，而在负极石墨中，锂基本上以原子状态存在，因此在锂离子和锂原子之间存在较高的电位差。同时，锂在正极材料中，由于锂离子嵌入到晶格中，因此离子性更强，从而表现出较高的输出电压。

3.3_ 生产锂离子电池的主要原材料及源头

锂离子电池的主要组成部分包括正极、负极、隔膜和电解液等，统称为锂离子电池四大材料。正极材料主要有钴酸锂、锰酸锂、镍钴锰酸锂三元材料或磷酸铁锂；负极材料主要有天然石墨或改性石墨、中间相碳微球、纳米碳纤维等；隔膜有聚丙烯（PP）微孔膜、聚乙烯（PE）微孔膜等；电解液有六氟磷酸锂/EC + DMC + EMC，EC（乙基碳酸酯），DMC（二甲基碳酸酯），EMC（乙基甲基碳酸酯）；辅助材料有导电炭黑、粘结剂、铜箔、铝箔、胶带和 NMP（二甲基吡咯烷酮）等；电池配件有壳体、盖板和连接片等。

（1）正极材料　三元正极材料一般采用湖北容百锂电材料有限公司（简称湖北容百）、湖南杉杉新材料有限公司（简称湖南杉杉）两家企业的材料，另外还有多家正极厂可以供应类似材料，可以实现材料多元化采购，保证产品供应。

其中，湖北容百是宁波容百集团公司（简称宁波容百）的全资子公司，主要生产高镍材料。宁波容百是中国最早开始生产三元材料的企业，也是现在最大的三元材料公司，自有前驱体生产能力。2019 年该公司三元材料产能为700t/月，高镍材料产能为850t/月。该公司与力神电池合作10多年，材料质量稳定，技术先进。

湖南杉杉是宁波杉杉股份有限公司的一家子公司，也是中国最大的正极材料生产商。2019年该企业的钴酸锂产能为2000t/月，三元产能为1600t/月，高镍产能为600t/月。该公司与力神电池合作多年，材料质量稳定，技术先进。

（2）负极材料　负极材料国内现有3家主要供应商：江西紫宸科技有限公司、上海杉杉科技有限公司和深圳贝特瑞新材料有限公司，它们的合计产能约35万t/年，且产能在不断扩大。3家供应商此种类材料的产能足以支撑力神电池新增产能，并随着需求的不断增加，成本呈持续下降的趋势。

江西紫宸科技有限公司，2018年销售额约22亿元人民币，现有年产能为4万t，2019年销售额35～40亿元人民币，年产能扩大至14万t。该公司产品性能目前在国内人造石墨制作企业中水平比较高，能够满足力神电池后续发展的需求。

上海杉杉科技有限公司，该公司主要生产人造石墨和中间相，并已经取得多项生产专利，2018年的销售额约20亿元人民币，销售量达到3.5万t。2019年的销售额约25亿元人民币，销售量约4.5万t，产能扩大至11万t。该公司的产品质量稳定，与力神电池合作多年，经过长期的沟通和磨合，产能完全满足力神公司生产需求。

深圳贝特瑞新材料有限公司，目前该公司出货量稳居全球第一，并且有小规模的球型石墨加工厂。该公司的主要产品是以天然石墨矿为原料的负极材料。2018年负极材料的销售额约24亿元人民币，销售量达到8万t。2019年的销售额约40亿元人民币，且产能扩大至10万t。该公司的产品质量稳定，与力神电池合作多年。

（3）隔膜　目前国内外干湿法隔膜供应企业成规模的在20家以上，2019年总产能达到30亿m^2，并且多数隔膜企业都具备陶瓷涂覆的能力。根据市场调研，各个隔膜企业都有进一步扩大产能的计划，而且有些企业已在扩建中。一般地，扩建一条陶瓷涂敷生产线的周期在6个月左右，因此，各材料生产企业可以根据预示快速跟进力神公司的材料增长需求。随着隔膜国产化的步伐进一步加大，可大幅降低隔膜成本。主要隔膜供应商：上海恩捷新材料科技股份有限公司（简称上海恩捷）、苏州捷力新能源材料有限公司（简称苏州捷力）、昆明云天化纽米科技有限公司（简称纽米科技）等。

上海恩捷是目前国内湿法隔膜产能最大的生产企业，具有上海、珠海、无锡三大生产基地，2019年的年产能约27亿m^2，占市场总产能的60%。该公司隔膜涂覆技术国内领先，生产设备全部进口，是国内较少可做油系涂布的企业。其产品已在三星、松下、LG、CATL等知名电池生产企业得到大批量应用。

苏州捷力隔膜总产能约3亿m^2，8条基膜生产线全部采用进口设备，同时配备8条涂布设备。该公司的薄型7μm隔膜生产技术国内领先，产品质量也非常稳定。

纽米科技是老牌湿法隔膜厂家，其母公司是云天化集团，背景强大、资金雄厚。2019年扩产2条生产线后的总产能约2.8亿m^2。主要客户有LG、珠海光宇、锂威等。该公司具备陶瓷涂布能力，而且能够稳定大批量生产，其典型产品有5μm、7μm薄型隔膜。

（4）电解液　国内外电解液生产企业总数接近20家，总产能超过20万t，材料供应充足。但是，由于受到环保等因素的影响，EMC、DMC等溶剂价格上涨明显，电解液成本呈现上涨趋势。后续可建立战略合作供应商，通过集中采购，使采购成本进一步降低。主要电解液供应商：天津金牛新材料有限责任公司（简称天津金牛）、广州天赐高新材料股份有限公司（简称广州天赐）等。

天津金牛是力神电池的战略合作供应商，天津金牛有自主锂盐，2019年电解液的年产能是10000t。该公司产品质量稳定，在价格、交货等方面对力神电池的配合都非常积极。除力神电池外，该公司还给三星、索尼等知名电池企业供货。

广州天赐是国内产能最大的电解液生产企业，在广州、九江、宁德、天津都有生产基地，2019年产能约100000t，在江苏溧阳拥有10万t的电解液项目，有自主锂盐，产能约6000t。该公司还可以生产一些新型添加剂，而且是CAT、比亚迪、国轩的最大供应商。

（5）铜箔　目前8μm电解铜箔的供应商有：国内的青海电子材料产业发展有限公司（简称青海电子）、灵宝华鑫铜箔有限责任公司（简称灵宝华鑫）和台湾长春企业集团等，国外的KCFT（韩国）、ILJIN（韩国）。2019年年底国内锂电池用电解铜箔的年产能20万t，其中650mm宽幅以下的电解铜箔资源充足。另外，随着铜箔薄型化、宽幅化的使用趋势，6μm宽幅铜箔已认证KCFT、ILJIN，并正在推动国产化。随着铜箔企业产能的不断增加，后续加工成本有下降的趋势。

（6）铝箔　目前15μm基箔涂碳铝箔，由广州纳诺新材料科技有限公司（简称广州纳诺）供应，广州纳诺是国内最大的涂炭箔供应商，专注于涂碳铜、铝箔等涂层产品的开发及应用，后续主要向更薄基材、宽幅方向发展。另外，杭州五星铝业有限公司的涂炭铝箔也通过了相关认证，正在推动批量使用。国内的其他涂炭铝箔供应商，如深圳宇锵新材料有限公司，也在认证中。

3.4_ 锂离子电池生产工艺

锂离子电池一般生产工艺流程如图3－2所示。其中关键工序的工艺技术有：

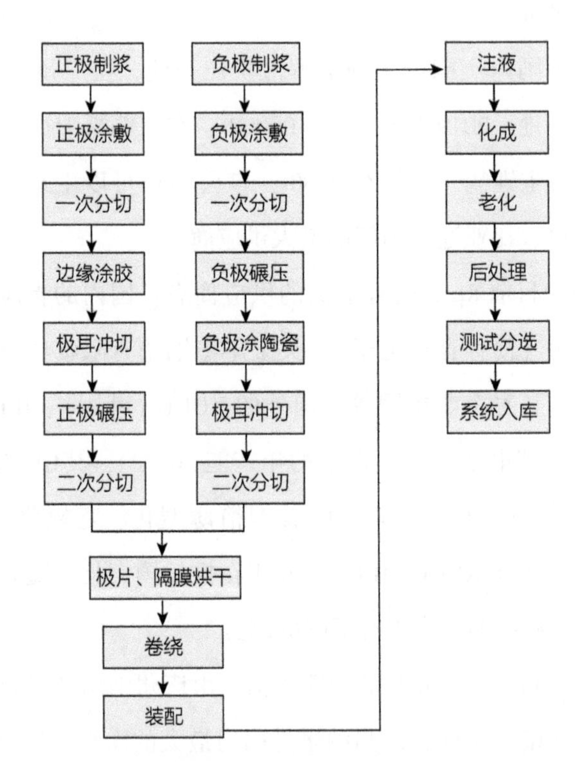

图3－2 锂离子电池一般生产工艺流程

（1）制浆 用专门的溶剂和黏结剂分别与粉末状的正负极活性物质混合，采用混料制浆系统，各种原料在特定的储罐中连续加入混浆系统，经充分混合直接产出浆料成品，与传统的间歇式混料系统相比，产品的一致性有较大提升，同时能耗和占地水平大幅下降，既提高了产品品质也带来了经济效益。活性物质经高速搅拌均匀后，制成浆状的正负极物质。

（2）涂敷 将制成的浆料均匀地涂敷在金属箔的表面并烘干，然后分别制成正、负极极片。本项目电极采用连续双层涂布系统，将箔材上料后一次性在箔材两面完成涂布。

（3）卷绕 按正极片、隔膜、负极片、隔膜自上而下的顺序放好，经卷绕制成电池极芯。通过机械上料，每卷卷绕完成后自动换料，生产出来的极组通过自动下料系统收集并转运至下一道工序，完成卷绕过程。

（4）装配 将卷绕好的极组进行极组打包、连接片超声焊接、与电池盖激光焊、上垫片、扣盖和周边焊等工艺过程，完成电池的装配。整个过程由全自动生产线完成，减少了人为因素的影响，保证了生产线运行的稳定性和生产效率。

（5）化成与后处理 用专用的电池充放电设备对成品电池进行充放电测试，对每只电池进行检测，筛选出合格的成品电池待出厂。采用全自动仓储式系统，利用可自动寻址和定位的机械人系统，按程序对电池进行化成、老化、后处理和测试分选。该系统独立于其他生产工序之外，将带电电池与无电电池完全隔离，大大降低了带电电池的安全隐患。

3.5 圆柱形锂离子电池的优势

圆柱形锂离子电池分为磷酸铁锂、钴酸锂、锰酸锂、钴锰混合和三元材料等不同体系，外壳分为钢壳和聚合物两种，不同材料体系电池有不同的优点。目前，圆柱形锂离子电池主要以钢壳圆柱磷酸铁锂电池为主，这种电池容量高、输出电压高，具有良好的充放电循环性能，输出电压稳定，能大电流放电，电化学性能稳定，使用安全，工作温度范围宽，对环境友好。这种电池广泛应用于太阳能灯具、草坪灯具、后备能源、电动工具和玩具模型上。一个典型的圆柱形锂离子电池的结构包括正极盖、安全阀、正温度系数（PTC）加热元件、电流切断机构、垫圈、正极、负极、隔离膜和壳体。

最早的圆柱形锂离子电池是日本SONY公司于1992年发明的18650锂离子电池。18650圆柱形锂离子电池市场的普及率高，采用成熟的卷绕工艺，自动化程度高，产品品质稳定，成本相对较低。圆柱形锂离子电池有很多型号，常见的有14650、17490、18650、21700和26650等。圆柱形锂离子电池在日本、韩国锂离子电池企业较为流行，我国也有相当规模的企业生产圆柱形锂离子电池。

特斯拉作为电动汽车领域的标杆企业计划选用21700电芯替代18650。三星、松下已准备或已进行21700的试生产。标杆企业具有一定的拉动作用，预计未来2~3年，电动乘用车厂家将选择以21700作为主打车型的电芯。华东地区主要新能源车厂圆柱形动力电池的需求情况见表3-1和图3-3所示。

表3-1 华东地区主要新能源车厂圆柱形动力电池需求情况

区域	企业	电池用量/亿W·h				
		2016年	2017年	2018年	2019年	2020年
江苏	苏州金龙	0.4	0.8	1.5	2	2.5
	南京金龙	1.8	2.4	2.7	4	6
	江苏卡威	0.5	1	1.2	1.5	3
安徽	江淮	6	7	8	12	18
浙江	康迪	15	18	20	22	25
	浙江时空	20	25	30	35	40
	吉利	10	25	40	50	90
	众泰	8	10	12	14	20
	泓源电动车	4	6	8	10	15

(续)

区域	企业	电池用量/亿 W·h				
		2016 年	2017 年	2018 年	2019 年	2020 年
福建	厦门金龙	0.2	0.5	1	1.5	2
	其他	30	50	80	80	90
	合计	95.9	145.7	204.4	232	311.5

根据一般行业规律，在整体供应不足的市场中，受产能制约，产品型号的升级换代不会一蹴而就。因此，虽然主流车厂对 21700 的电池需求在 2016 年底、2017 年初开始显现，但直到到 2018 年底，圆柱形电池总需求中对 21700 电池的需求仅有 1/2。

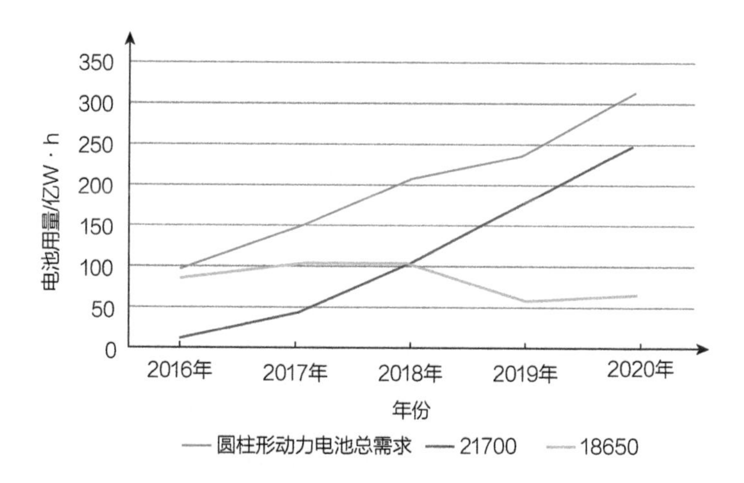

图 3-3　华东地区圆柱形动力电池市场需求情况

第4章
锂离子电池智能制造及智能化工厂

04

4.1_ 智能制造的基本目标

现阶段，我国智能化工厂建设应以建立锂离子动力电池智能制造工厂为总体目标，以动力锂离子电池产品设计、工艺、生产、检测、物流和服务各环节的智能化需求为依据，以智能化生产线、先进制造系统、工业云平台和人工智能等先进技术为手段，对锂离子电池生产工艺及制造过程进行全方位监管和控制，大幅度提高锂离子电池产品的一致性、生产效率和资源综合利用率，降低运营成本和产品不良品率，缩短产品研制周期，形成锂离子电池智能制造产业协同创新机制，联合我国锂离子电池装备龙头企业、智能制造系统集成优势企业、专业研究院及高校等优势力量，提升动力锂离子电池智能制造水平，实现国产动力电池的市场份额提升。

4.2_ 智能制造的主要建设内容

在强化生产过程监测与分析的基础上，建设基于核心智能生产装备、工业互联网集成应用和智能化生产管理等为核心的动力电池智能工厂新模式应用。主要建设内容有：

1）锂离子动力电池智能工厂总体设计。

2）研制、集成动力电池核心智能生产成套装备，突破短板工艺装备。

3）车间现场网络与生产数据采集，建设安全可靠的车间工业互联网系统；配备智能传感与检测装置，实现生产数据的实时采集。

4）生产管理系统集成创新，以企业资源计划（ERP）和制造企业生产执行系统（MES）为核心，创新集成数据采集与监视（SCADA）、供应链管理（SCM）、仓储管理系统（WMS）和客户关系管理（CRM）等智能生产管理系统，实现系统的高效协同，实现精益管理。

5）全生产流程在线质量检测，将电池生产工艺环节作为主轴线，应用计算机视觉等多种技术，建立完善的质量监控体系，在行业平均水平上提升电池产品一致性和直通率。

6）建设先进的车间物流调度系统，包括AGV（智能引导装置）系统和智能流水线，实现产品生产过程中的非接触管理，提高生产安全性，保障产品质量。

7）工业云平台部署建设，以锂离子电池制造的行业设备大数据为核心，利用基础数据形成行业应用，满足锂离子电池制造企业的设备监测、故障诊断、次品预检、维保服务和三方协同等功能的业务需求。通过不断地数据积累、汇聚，建立行业预测分析模型，实现数据智能价值分析。云平台收集的数据为产品追溯提供依据。

8）人工智能技术应用：

①计算机视觉，在产品质量提升方面，针对电池极片外观、极组保护胶带和极耳检测三个关键环节创新性应用基于人工智能的计算机视觉检测系统。

②机器学习，针对质量追溯和质量预测两个关键环节创新性应用基于人工智能的机器学习。

4.3_ 锂离子电池的智能制造

以S公司生产基地的“21700动力锂电池智能制造新模式项目”为例，具体介绍锂离子电池智能化工厂智能制造方案的实施。

4.3.1 项目简介

S公司是一家拥有自主知识产权核心技术，专业从事锂离子电池技术研发、生产和经营的股份制高新技术企业。该公司位于天津滨海新区，占地40万m^2，成立于1997年，注册资本12.5亿元人民币，总资产60亿元人民币。目前，该公司已具有9亿A·h锂离子电池的年生产能力，产品包括圆形、方形、聚合物和塑料软包装、动力电池四大系列几百个型号。S公司在短短十几年时间里迅猛发展，成为国内投资规模大、技术水平高的锂离子电池专业生产企业。该公司结合行业市场与自身发展要求，提出“十三五”期间发展目标：实现公司上市融资，国内外产业布局基本完成，动力电池总体产能达到200亿W·h，2020年总体规模超过250亿元人民币。该公司动力电池业务成为国内新能源和新能源汽车锂离子动力电池系统主要供应商，进入国际第一阵营，全球市场份额接近5%。

S公司自成立以来，秉承“技术质量国际一流，绿色能源造福人类”的经营理念，坚持高端市场定位，致力于为客户提供整体电源解决方案。通过不断的技术攻关，该公司的产品性能和质量已达到世界先进水平，通过了ISO 9001:2000版国际质量体系认证、CE认证、UL认证、TS 16949认证以及ISO 14001环境管理体系认证。S公司从实际出发，着眼长远，将产品市场定位于以优质产品为整机厂家直接配套，通过了三星、苹果、摩托罗拉、联想、惠普、国家电网、南方电网、华为、中兴、通用、江淮、中国一汽、上汽、长安汽车和广汽集团等厂家的认证，过硬的质量为S公司赢得了良好的品牌形象。目前，S公司已在北美、欧洲等地设立了分支机构，建立起覆盖国内和国外的强大营销网络。

S公司拥有一流的技术研发人才和先进的硬件设施，具备世界先进水平的科研实力。在硬件设施方面，S公司建有国家认定企业技术中心、国家动力电池工程技术研究中心、博士后科研工作站和具有国际先进水平的UL国际安全认证实验室。在科技软实力方面，S公司现有工程技术人员超过1500人，具有大学本科学历的员工占技术和管理人员总数90%以上。该公司在圆形电池、方形电池和原材料基础研究等领域掌握了先进的技术，拥有自主知识产权，申报专利1498项，已获授权750项。以此为依托，S公司建立了全自动的生产线和完善的生产控制、质量管理体系，产品性能和质量达到世界一流水平。

S公司以节能和环保为主题，在国家政策的大力支持下，开展了二次创业，致力于新能源技术的开发和产业化。2008年S公司被科学技术部评为“国家重点高新技术企业”，被国家确立为“国家创新型企业试点单位”“国家认定企业技术中心”，荣获“国家高技术产业化十年成就奖”；2009年被认定为“中国驰名商标”；2010年S公司销售量排名全球第五、中国第二，获得“中国质量诚信企业”称号；2012年S公司销售收入突破30亿元，全球高端市场占有率7.5%，成为“央企电动汽车联盟电池组组长单位”，成功申报“国家新能源汽车产业技术创新工程”电池专项和“国家锂离子动力电池工程技术研究中心”。

S公司自2003年开始研发动力电池，其主要产品包括高安全性能的锂离子动力电池单体电芯、模块及动力电池系统，主要应用于轻型电动车辆、纯电动汽车、混合动力汽车和能源储存等领域。该公司于2009年率先在我国建成了可为两万辆乘用车配套的动力电池示范线，并于2011年4月

5 日通过 TS16949 质量体系认证，在产品开发、规模化生产和市场营销方面积累了丰富的经验，为 S 公司动力电池的进一步扩产奠定了稳固的技术和市场基础。

通过多年来的总结和积累，国家锂离子动力电池工程技术研究中心在新能源动力电池及其系统集成的研究中，充分掌握了动力电池电芯、动力电池系统及 BMS 的产品开发方法和开发工具，通过对产品开发技术的研究和应用，充分保证了产品的一致性、安全性和稳定性。至今，该公司已承担了近百项动力电池系统及 BMS 的设计开发项目，其中包括多项国家 863 课题、央企联盟课题、创新工程项目以及与一汽、长安、北汽、广汽、宇通、申沃和安凯等车企协同开发的项目，实现了在 EV（纯电动）、HEV（混合动力）、PHEV（插电式混合动力）、RE（增程式纯电动）和 LE（轻型电动车）等多种新能源车型上的成功搭载。目前，该公司和国内的十余家车企都有合作项目，完成了 189 多个车型公告。

S 公司自 2012 年以来先后参与了天津、青岛、武汉、苏州、郑州、南通、盐城、潍坊和绵阳等城市的示范运营项目，已与国内 13 家客车企业开展合作，实现了换电式纯电动、插充式纯电动等多种构型的电动车电池系统批量配套，电池系统安全可靠，安全零事故，运营效果显著。在乘用车应用方面，S 公司自 2010 年开始与一汽、广汽和江淮等 6 家国内乘用车企业开展合作，为江淮、康迪、起亚和华晨等企业提供了配套电池系统。另外，为扩展海外渠道，开发高端产品，该公司自 2013 年开始与大众、宝马和戴姆勒等高端知名车企进行前期商务及技术交流，提供电芯进行动力电池送样测试，合作进展顺利。该公司于 2014 年 3 月荣获一汽大众优秀开发奖，同年 4 月通过戴姆勒聚合物动力电池质量体系审核，获得戴姆勒 20 万欧元研发费用支持。

在国家确立的七大战略性新兴产业中，新能源和新能源汽车都和锂离子电池有着密不可分的联系。S 公司作为国有控股企业，对实施国家战略承担着义不容辞的责任。发展新能源汽车，不仅是节能减排的需要，也是中国汽车工业从大到强的必由之路，而动力电池是新能源电动汽车的核心。S 公司在动力电池研发和产业化成果的基础上，按照靠近整车企业、靠近示范城市和立足经济发达地区的原则，确立了“一院、两区、五基地”的战略发展规划。在苏州投资启动华东产业基地的建设，正是遵循 S 公司中长期发展规划中所确定的动力电池业务发展战略，提升 S 公司综合竞争力的重大战略举措。未来几年内，该公司计划建成国内规模最大、技术水平最高的锂离子动力电池研发和产业化基地，与国际一流企业直接竞争，为我国新能源产业的发展贡献力量。

2015 年 3 月，S 公司通过了《关于公司中长期发展规划的议案》，明确将苏州作为 S 公司华东产业基地，开展项目建设正是遵循公司中长期发展规划中所确定的动力电池业务发展战略，提升公司综合竞争力的重大战略举措。根据公司规划，2014—2015 年启动苏州项目建设，在满足新能源汽车推广需求的同时，为“十三五”时期新能源汽车产业的快速增长打下基础，2020 年实现“具备优秀的动力电池系统集成能力，成为国内新能源和新能源汽车锂离子动力电池系统主要供应商，进入国际第一阵营，全球市场份额接近 5%”的战略目标。为此，华东产业基地制定了通过三期项目建设，2020 年达成年产 80 亿 W · h 圆柱形锂离子动力电池的发展路径：

（1）苏州动力电池一期项目　该项目于 2015 年 12 月通过 S 公司股东大会的审批，项目用地 132 亩（1 亩 ≈666.7m^2），总建筑面积 53000m^2。项目总投资为 13.2 亿元人民币，建成后达到年产 15 ~ 18 亿 W · h 圆柱形电芯和 Pack 的产能。项目已于 2017 年 4 月投产。

（2）苏州动力电池二期项目　该项目利用苏州一期部分厂房，新建一座 110kV 变电站，购置土地 460 亩。项目总投资 8.6 亿元人民币，建成后达到年产 22 亿 W · h 圆柱形 21700 电芯的产能。项目已于 2017 年 7 月投产。

(3) 苏州动力电池三期项目　该项目利用苏州二期项目购置的土地，总投资 18 亿元人民币，建成后达到年产 40 亿 W · h 圆柱形电芯和 Pack 的产能。项目已于 2019 年 7 月投产。

该项目位于江苏苏州高新区（东至嘉陵江路绿化地，南至昆仑山路绿化地，西至浔阳江路，北至吕梁山路）。项目建设期为 12 个月。

该项目新增电极工艺设备 19 台（套），其中进口设备 7 台（套）；电芯工艺设备 87 台（套），其中进口设备 23 台（套）。项目总投资为 86286 万元人民币，其中银行贷款 60326 万元人民币（其中长期借款 43769 万元人民币，流动资金借款 16556 万元人民币），企业自筹 25960 万元人民币。

该项目全部投资的财务内部收益率为 22.46%，经 6.01 年收回投资。达产后年平均利润 16411 万元人民币，通过不确定性分析，以生产能力利用率表示的盈亏平衡点为 46.99%，项目具有一定的抗风险能力。

4.3.2　项目建设分析

1. 市场分析

全球动力锂电池市场大约从 2013 年开始随着新能源汽车行业的蓬勃发展而呈现高速增长的态势。根据韩国调研机构 SNE 发布的信息，2016 年全球锂离子动力电池市场规模达 1151 亿 W · h。全球锂离子动力电池市场迅猛增长，2020 年，市场规模达到 4945 亿 W · h，2015—2020 年的年均复合增长率达到 44%。高工锂电产业研究所（GGII）的统计显示，2017 年我国锂离子电池电芯产量增长到 695 亿 W · h，2014—2017 年的年均复合增长率达到 32.5%。其中，2017 年电动汽车锂离子电池电芯产量达到 255 亿 W · h，相比 2014 年增长接近 5 倍，2014—2017 年的年均复合增长率达到 79.6%。

项目选址在苏州高新区，地处长三角经济圈中心，辐射江苏、安徽、浙江、福建和上海等地。以苏州为中心，对华东客户的产品交付与售后服务最为便利。因此，华东地区整车企业为该项目的主要目标客户。S 公司长期以来一贯重视华东市场的开发，多年来积累了大量稳定的合作客户，包括苏州金龙、南京金龙、江苏卡威、江淮汽车、康迪、浙江时空、吉利汽车、众泰汽车和厦门金龙等整车厂商，2020 年华东地区对圆柱形锂离子电池的总需求超过 300 亿 W · h。按照 S 公司在华东地区 20% 的市场占有率计算，有效需求超过 60 亿 W · h，仅华东市场就能覆盖项目的新增产能。

2. 技术成果应用分析

截至 2016 年，我国动力电池行业还以传统 18650 电池为主打型号。对比传统 18650 电池，21700 电池的制造成本优势更加明显。该项目新增产能全部为 21700 电池，核心原材料全部为国内厂家供应。从行业发展来看，该项目成果有利于促进国内圆柱形动力电池厂商调整产品结构，对标国际一线。

该项目生产装备的自动化程度达到国际先进、国内领先水平，宽幅涂敷、速度达 200 只/min 的装配线和仓储式化成后处理系统等，在我国动力电池产业上属于“零突破”的应用，电极的“连续制浆”技术在全球属于领先水平。

动力电池生产工艺多，流程复杂，各工序专业强，装备制造商分散而且接口协议不一致，因此国内尚无动力电池厂家能实现全流程的 MES 整合。该项目全流程采用 MES，突出了人工工时、材料利用率、排程计划和质量管理各个方面的数据整合。

该项目设备总投资3.99亿元人民币，关键工序国产化水平高，国产化率达到84%，有力拉动了动力电池装备供应商的研发、生产投入，进而带动全产业链的提升。

该项目在先进的自动化设备基础上，探索出一条自动化与信息化融合的道路，以SCADA系统为依托，对MES和ERP系统进行整合，实现了工厂数字化，并以此制造出一致性高、质量稳定的动力电池产品，提高了生产效率，降低了产品成本，能带动下游新能源汽车行业的发展，促进我国新能源汽车的推广应用并建立全产业链的竞争优势。

4.3.3 项目目标

该项目的产品为三元体系的圆柱形21700电池。电池设计采用纳米技术、正极耳在正极片中部和负极片双极耳的结构以及极组最外圈包箔的结构设计，均能有效降低接触阻抗，低温性能可提高10%以上，可有效提高低温充放电性能。

该项目以建设锂离子动力电池数字化工厂为目标，依托智能工厂架构，形成了“电池工厂–精益管理系统–自动化产线–智能设备”顶层设计模式，推进了整个项目的实施。该项目以先进的锂离子电池生产工艺为主线，部署智能工艺装备，突破两项核心短板装备的研发，依托工业互联网、物联网、云平台和人工智能等技术，统筹计划、设备、物料、人员和环境等信息，完成锂离子电池工厂从产品设计、生产、物流到销售等全生命周期的自动化生产管理和高度信息化集成。

该项目建设路线包括锂离子电池关键工艺研制，短板装备研发，核心设备自动化建设，车间物联网建设，生产线自动化控制系统建设，部署智能AGV调度系统、立体仓化成系统、全生产流程质量在线监测系统和综合信息化建设（包含数据采集与监测（SCADA）系统、制造企业生产执行系统（MES）、企业资源计划（ERP）系统以及 WMS/CRM/SCM 等信息系统集成，构建工业云平台。

该项目申请9项国家发明专利，提交3项软件著作权，形成3项标准草案。集成和研发15种以上关键装备，主要包括双螺杆挤出机连续混浆设备、高速双面多层挤压式涂布机、锂离子电池极片碾压设备、高精度自动分切机、高速圆柱形电芯卷绕一体机、装配一体机、AGV 和立体仓化成装备等。该项目综合集成5种以上软件，实现以 ERP 和 MES 为核心，SCADA、SCM、WMS、CRM、AGV 调度软件和立体仓化成软件的协同交互等。建立面向研发、设计、生产和管理的工业云平台，实现设备高可靠并发接入和大规模数据存储，通过数据挖掘与分析，实现对锂离子电池制造系统的设备状态监测、故障诊断、次品预检、维保服务、三方协同和数据智能等功能。

该项目建成后达到年产22亿 W·h 21700 圆柱形电芯的产能。根据产能目标，规划建设一条正极生产线和一条负极生产线，以及两条生产速度为200只/min 的圆柱形电芯全自动装配线。该项目产品的目标市场为新能源乘用车和物流车等商用车。

4.3.4　产品介绍

1. 基本参数

生产初期出货量最多的是4.0A·h 和4.5A·h 两款电池电芯。其电压正常工作范围为3.6～4.2V，直径为21.7mm±0.2mm，高度为70.9mm±0.2mm。电池电芯的外观和尺寸如图4－1所示。

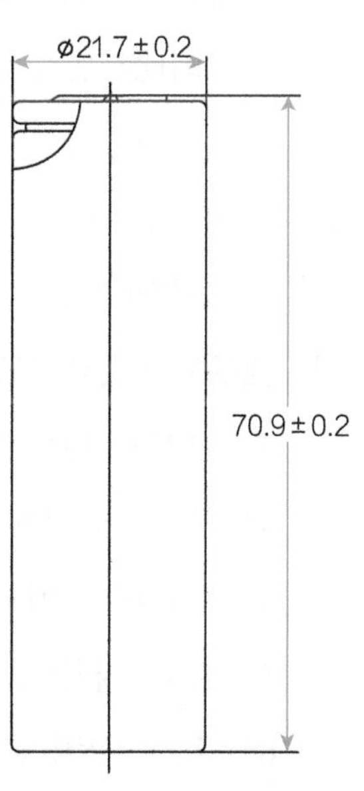

图4－1　电池电芯的外观和尺寸

2. 产品特点

S 公司选择使用三元材料作为圆柱形 21700 动力电池正极材料，该材料具有较高的能量密度，成本较低，循环寿命长，污染小，并具有优异的电化学性能和良好的温度稳定性，并且对环境友好，这些优点使其在电动车所需的大型动力电源领域有着极大的市场前景。

S 公司结合 16 年圆柱形电池设计制造经验，针对其应用于电动汽车的使用特性，突出了圆柱形锂离子电池的以下特点。

（1）安全性和可靠性提升　电动汽车能否推向市场，会受安全性、价格、充电时间和寿命这几个因素的制约。其中，安全性是消费者最关心的问题，该性能会直接影响电动汽车的产业化前景。

高功率大容量电池在各种极端滥用情况下（如短路、过充、针刺和挤压）内部蓄积巨大能量，如果不经过有效的化解和释放将发生严重的热失控问题，因此高容量电池研发过程中必然伴随安全性能的研究。

该项目中，对于圆柱形锂离子动力电池，S 公司采取了以下措施来保证电池的安全性能：

1）采用负极或隔膜表面涂陶瓷技术，可以有效降低三元材料及锰酸锂电池的安全失效风险。

2）自有专利独特的双安全阀电池结构设计。

3）独特的防过充添加剂及其添加工艺。

4）专有配方的抗过充和阻燃电解液。

5）自有专利技术耐短路和耐漏液的电池盖。

6）生产过程中对环境粉尘及金属颗粒进行严格控制。

7）从粉浆到电池组装全过程环境温湿度严格控制。

8）从极组卷绕到组装全过程非接触和全自动化。

这些技术的应用将降低消费者对电池安全性能的担忧，为圆柱形锂离子电池的广泛应用扫清障碍。

（2）循环寿命长和电芯一致性提升　NCM动力电池的优点之一是循环寿命长。S公司目前NCM动力电池循环寿命测试结果表明，1C充放电循环2000次，剩余容量在初始容量的80%以上，按照每2.5天充电一次计算，汽车电池的使用寿命达10年以上。

圆柱形锂离子电池整个生产过程可实现自动化生产，实现全生产过程非人工接触，保证电芯生产的一致性。

（3）快速充电及低温性能提升　目前，阻碍纯电动汽车商业化运行的因素除了电池寿命、成本外，电池的快速充电能力也是其中一个主要因素。该项目重点开发快充型动力电池，可在15min内充满电池容量的80%以上。该研究成果大大提升了电池充电能力，使纯电动车商业化运行成为现实。

锂离子电池在电动汽车使用过程中，时刻受到环境温度的影响。在低温条件下电动汽车和电动工具的电池放出容量有限，大大限制了电动汽车的使用范围。在该项目中，电池设计采用纳米技术，设计的正极耳在正极片中部和负极片双极耳以及极组最外圈包箔的结构，均能有效降低接触阻抗，低温性能可提高10%以上，可有效提高动力电池低温充放电性能。同时，在电池系统设计过程中，考虑不同温度环境使用，采用保温、加热和散热等不同热管理方式，保证电池系统在较适宜的环境中运行。

3. 产品性能

（1）充电方式

1）0.5C恒流充电至4.20V，再以4.20V恒压充电至电流衰减为0.02C。

2）0.5C 恒流充电至 4.20V，再以 4.20V 恒压充电至电流衰减为 0.05C。

（2）放电方式

1）0.2C 恒流放电至 2.75V。

2）0.5C 恒流放电至 2.75V。

3）1.0C 恒流放电至 2.75V。

4）2.0C 恒流放电至 2.75V。

5）1.0C 恒流放电至 3.0V。

（3）内阻　在 25℃以下，电池内阻不大于 20mΩ。

（4）倍率放电性能　环境温度在 25℃以下时按照标准方式充电，分别以 0.2C、0.5C、1.0C 和 2.0C 方式放电，记录电池放电容量，并计算与电池 0.2C 放电容量百分比，应满足表 4－1 中规定的要求。

表 4－1　电池放电容量与电池 0.2C 放电容量百分比

放电容量	0.2C	0.5C	1.0C	2.0C
百分比	100%	≥95%	≥90%	≥85%

（5）循环寿命　25℃ ±2℃测试环境下，对电池进行充电，先休眠 15min，再对电池进行放电，休眠 15min，充放电一次为一个循环，测试 1000 次循环后的放电容量。1000 次循环后放电容量不小于 80% 首次容量。

（6）存储性能

1）电池按标准方式充电后，在 25℃ ±2℃环境下存储 28 天后，放电并记录电池容量。电池恢复容量应不小于 90% 初始容量。

2）电池按标准方式充电后，在 55℃ ±2℃环境下存储 7 天后，放电并记录电池容量。电池恢复容量不小于 90% 初始容量。

（7）不同温度放电性能 25℃下按照标准方式充满电，在测试温度下放置3h后放电，记录不同温度下电池放电容量，并计算与电池25℃时放电容量百分比，应满足表4－2中规定的要求。

表4－2 不同温度下电池放电容量与电池25℃时放电容量百分比

放电温度	－10℃	0℃	25℃	45℃	60℃
百分比	≥70%	≥80%	100%	≥95%	≥95%

4. 安全测试

（1）常温外部短路测试 按照标准方式将电池充满电，使用外电路将电池正（＋）负（－）极短路，要求外电路内阻小于50mΩ。当电池电压下降到0.1V，或电池温度降至测试温度10℃范围内时，结束测试。合格标准为电池不起火，不爆炸。

（2）过充电测试 按照标准方式将电池充满电，以1.0C的电流进行充电使电压达到6.3V。测试过程中监测电池温度变化，当电池温度下降至室温时，结束测试。

合格标准为电池不起火，不爆炸。

（3）热箱测试 按照标准方式充满电的电池放置到恒温加热箱中，用热电偶连接电池以监测电池温度变化。恒温箱升温加热电池，要求恒温箱升温速度为每分钟5℃±2℃。监测恒温箱温度变化，当恒温箱温度达到130℃±2℃后，恒温保持60min，结束测试。合格标准为电池不起火，不爆炸。

（4）过放电测试 按照标准方式将电池充满电，然后以1.0C的电流对电池进行放电，放电时间为90min。合格标准为电池不起火，不爆炸，不漏液。

（5）挤压测试　按照标准方式将电池充满电，然后将电池置于两个水平平板之间，要求电池长度方向与平板平行。采用直径为1.25in（1in≈25.4mm）的活塞泵作为动力供给的液压设备对两平板持续加压，直到液压达到2500psig（1psig≈6894.8Pa），两平板间压力到达3000lbf（1lbf≈4.5N）的挤压力，结束测试。合格标准为电池不起火，不爆炸。

（6）跌落测试　按照标准方式将电池充满电，把单体电池正负极端子向下从1.5m高度处自由跌落到水泥地面上，观察1h。合格标准为电池不起火，不爆炸，不漏液。

4.4_ 圆柱形锂离子电池及Pack系统智能制造

电动汽车上的电池包是一颗颗电芯通过焊接等手段进行串并联，组装成电池系统放置在箱体内。本书中智能化工厂的建设主要围绕圆柱形锂离子电池的智能制造和Pack系统的智能制造为例，详细介绍这两部分具体实施的相关内容。

4.4.1 圆柱形锂离子电池智能制造

图4-2所示为圆柱形锂离子电池制造工艺，包括匀浆、涂敷、碾压、分切、烘干、卷绕、装配、清洗、化成、老化、后处理分选、外观检查和出货。

（1）匀浆工艺　匀浆工序不再使用传统的行星制浆机混浆方式，首次采用了新型混浆设备——双螺杆挤出机，创新了混浆方式。这种新型混浆方式能耗低，占用空间小，可实现正、负极各1t/h的产量，单条生产线每年生产效率可达2.4GW·h，大大提高了混浆的产能及效率。

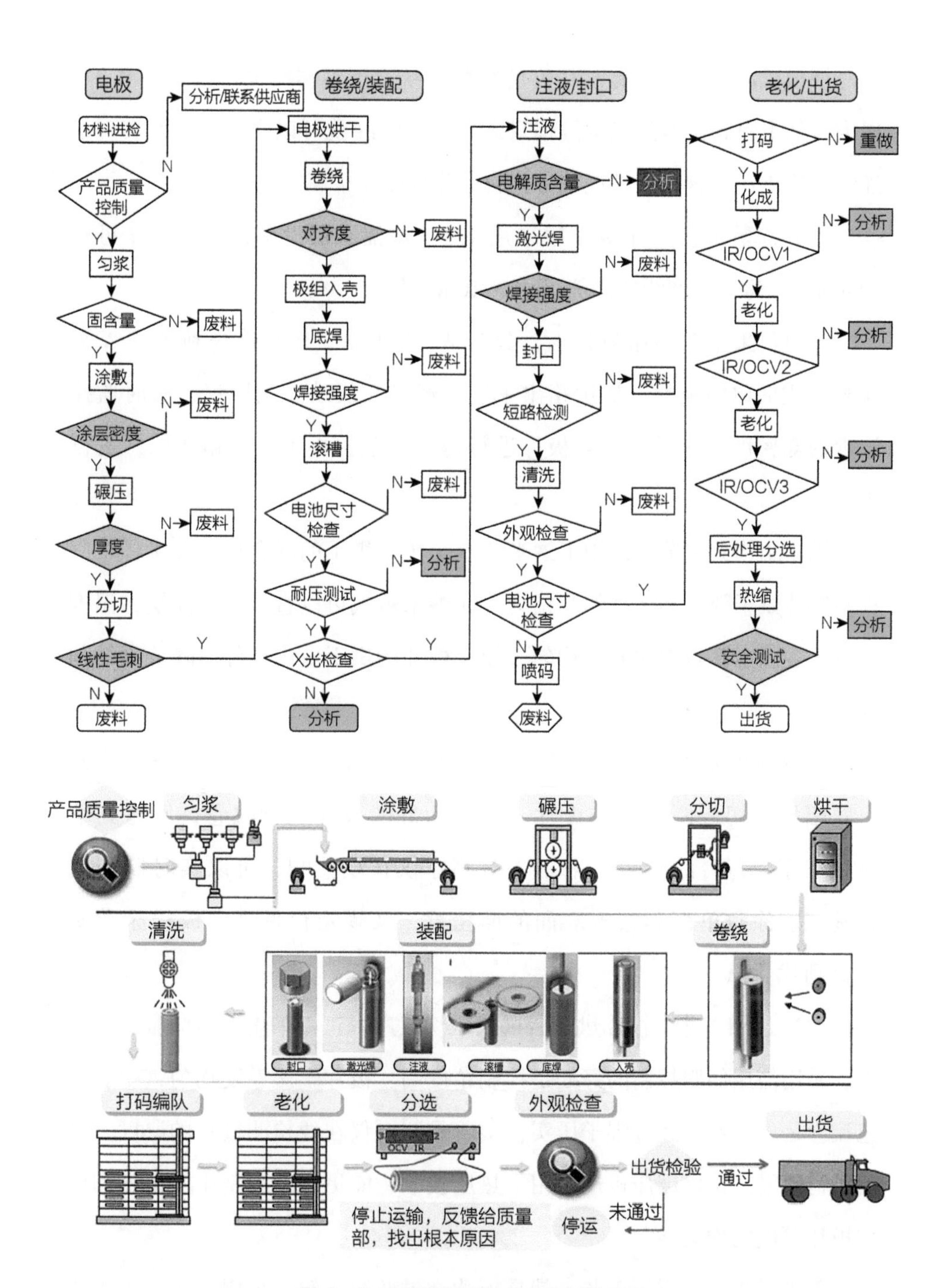

图 4－2　圆柱形锂离子电池制造工艺

挤出机混浆设备具有高精度的喂料系统，下料精确度可以达到0.3%以内，从下料到出料的混浆过程只需要1～2min就可以完成，从而实现了连续混浆生产，这种新型混浆方式自动化程度非常高。

（2）涂敷工艺　涂敷工序采用1.3m宽幅双层设备，涂敷速度可达40m/min，每条生产线的产能可达2.2GW·h。

该项目采用双面涂敷技术，分为A、B两头，B头接收到的是A头涂敷完成的单面极片，从烘箱出来后，经过在线动态测厚仪，实时监控涂敷的面密度，然后B头对极片进行返双涂敷，再进入烘箱2层，进行烘干。

烘箱结构共8节，采用了纳米蒸汽+热风烘干的混合加热技术，可以提高极片烘干效率和极片的黏结力。而纳米蒸汽可以直接穿透涂层，温度从极片表面至基材表面分布均匀，使得极片的烘干由内至外，降低黏结剂的上浮。

收放卷单元采用自动换卷方式，大大提高了生产效率。分切单元将宽幅极片切成两个窄幅极片，将分切好的极片进行收卷，发送到下一个工序。每台涂敷设备采用3台测厚仪在线检测，可以实时监测箔材基底、涂敷单面和涂敷双面的面密度，实现定位调整，极片涂敷质量得到优化。

（3）压切工艺　极片烘干后进入压切工序，正极采用液压伺服控制压辊，采用液压伺服控制的好处是控制精度高，极片辊压厚度均匀，主要工艺流程是先上卷再经过辊子压实，接着是测厚仪在线检测极片的厚度，最后进行收卷。正极碾压机还采用了热压技术，能更好地控制压实密度和压后极片厚度的均匀性。

负极采用二次碾压工艺，就是极片经过两组压辊。采用二次碾压工艺可以很好地保证极片的厚度控制在正常范围之内，碾压过后还要经过一个

S 形的烘箱再次烘干，可以防止水分影响极片的厚度，最后收卷。

分切机将压好的极片分成符合加工电池宽度的极片，分切机刀具采用上下都有弧度的刀片，这样切出的极片外观更好，毛刺更少。该项目还采用了 CCD 在线检测系统，发现外观不良后会自动贴标签，在后续卷绕过程中自动去除，可很好防止产生不良电芯。

（4）卷绕工艺　卷绕车间整体环境温度控制在 18 ~ 26℃，湿度控制在 1% 以下，粉尘度控制在 10000 级以下。前面工序制备好的正负极片通过 AGV 自行运送到烘干车间，运输过程中采用全密封箱体转运，可以有效控制运输过程中极片的水分含量。在卷绕前，极片需要经过高真空烘干，最大限度地去除极片中的水分，保证产品质量。烘干过程采用自动呼吸式的流程控制，以氮气作为保护气体，以达到升温和降温的作用。

卷绕机具备连续自动换料、下料功能，还具有极耳双面焊接切换、负极铜箔外包或隔膜外包切换、电极浆料切断和极组整形等功能，增加了胶带、极耳等多项在线检测功能，所有在线检测不良品会被自动排除，设备可靠性很高。

该工序主要原材料的投入、制造过程信息和人员信息均上传至 MES 进行监控，对原材料的先进先出、干燥时间控制、原材料规格和批次信息追溯等均可在线监控，真正做到生产过程的信息化和自动化。

（5）装配工艺　卷绕好的极组被送到装配车间，项目采用国内先进的圆柱形电池组装生产线，速度高达 200 只/min，相比行业一般的 130 只/min，速度提升 54%。装配过程中需要用到的设备如下：

1）上料机：其主要功能是完成上料并将极组装入电池壳中。上料机采用小车自动上料，工作人员只要将小车推到指定位置，设备就能完成自动上料。在上料时能够自动记录产品批次，进行追溯。

2）负极耳焊接机：其主要功能是将负极耳与电池壳进行焊接，可实现单层、双层的铜极耳、镍极耳等不同极耳的焊接。

3）收口与滚槽机：为了尽可能利用电池壳的内部空间，采用了T形壳的设计，就是口部外径要大于壳身外径，因此设置了收口工位，经过该工位后，电池壳的口部外径与壳体外径一致。滚槽机的每个工位都设置了吸尘功能并由传感器对吸尘器内的真空度进行检测，有效降低了因金属粉末掉入电池内部而造成电池性能下降的风险。

4）注液机：它是全新装配线的核心设备，其采用了托盘式注液及腔体式加压的方式。在注液机内部设置了排风与漏点检测仪，有效提高了注液的精确性与电解液的浸润效果，降低了电解液在车间内的扩散。

5）封口机：封口机操作分为3个步骤，分别是预封、卷边与下压。经过这一步操作电池完全成型。

装配线上大量采用了CCD与传感器检测，根据实际产品特性采用了最新的检测参数与方式，不仅提高了检测准确度并增加检测内容，还可以实现产品所有关键参数的在线检测。该装配线还实现了在线自动预化成功能，这样既节省了操作人员的工作量，又有效控制了清洗至预化成的时间，进而降低了生锈的风险。

（6）化成工艺　化成车间的功能是完成电池的活化及分容。车间内配置了一整套全自动化成设备及智能物流运输系统，包括调度系统、充放电设备、仓储设备及输送设备。电池自投入至产出，全程无需人员参与。

1）调度系统布局在车间二楼，是整个车间的神经中枢，具有控制、监控、数据收集及存储、逻辑运算等功能。

2）充放电设备共有5条线体，可同时对30万只电池进行充电和放电，充放电设备采用能量回收系统，可将电池放电时的电能回收至电网。在异常状态下（电池爆喷），会有温度、烟雾报警，设备自身可实时检测电芯状态，有效避免危险事故的发生。

3）仓储设备分为高温老化间（存放200万只电池）和常温静置区（存放1500万只电池），区域每个仓位配有烟雾报警器。当有危险事故发生时，堆垛机可迅速将危险托盘运送至盐水箱进行控制。

4）堆垛机在系统指令下，自动搬运电池，完成上料和下料动作。

5）分档机有6台，每台分档机有8个工位，可自动将电池依据电压内阻容量进行分档操作，分档后的电池再经过外观检验包装出库。

4.4.2　Pack系统智能制造

1. Pack产品信息

产品装配图如图4-3所示。

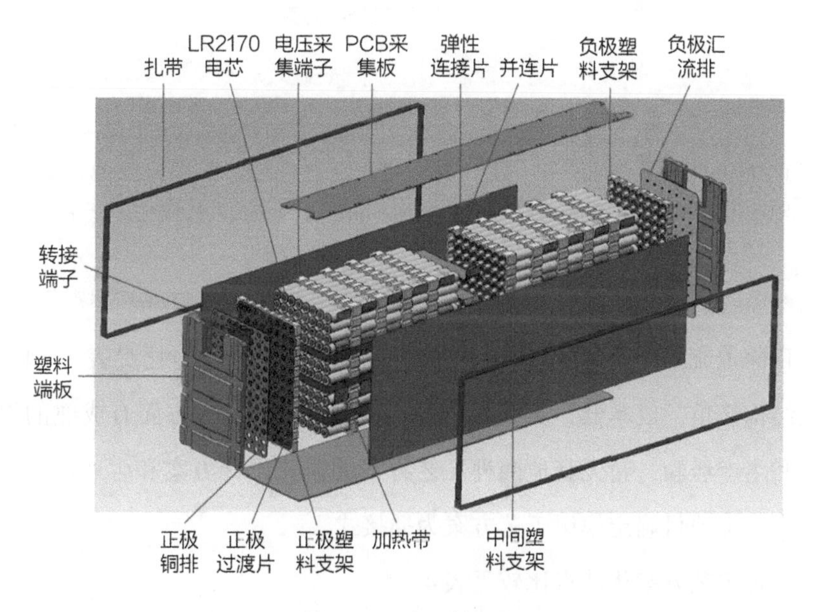

图4-3　产品装配图

使用 18650 或 21700 电芯计算，模块长度最大为 360mm × 430mm × 75.5mm。

2. 工艺方案选择

根据对产品市场导向及市场需求的分析，该项目目标产品 LR2170 型电芯电池包生产拟采用插接式工艺路线，产品主要应用于物流车和乘用车。

电芯单层阵列组成的模块，层层叠加组成模组，几个模组安装在电池箱里并进行连接，增加管理系统，最终形成电池包。可以根据客户的需求，变更阵列样式、层数、模组串联数量等设计，以便生产出各种形状和性能参数的电池包产品。

电池包产品方案见表 4－3。

表 4－3 电池包产品方案

产品名称	规划产能	规 格
LR2170 型电芯电池包	3.15GW · h（共 76730 个电芯）	电池包有多种规格，在此采用了郑州中电项目进行经济测算，电池包容量为 41.1kW · h，该项目计划生产产品范围为 40～75kW · h

目前主流的工艺为插接式、电阻焊和铝丝焊，详细对比见表 4－4。插接式结构简单，成本低，安全性能好。S 公司在插接式方面有成熟的设计方案和生产经验，暂无其他两种工艺方案的成熟设计方案和生产经验。综合考虑，该项目确定模组工艺方案为插接式。

三种工艺方案优缺点比较见表 4－4。

表4-4 三种工艺方案优缺点比较

项目	插接式	电阻焊	铝丝焊
工艺流程简述	1. 单层电芯组装为模块 2. 多个模块堆叠形成模组 3. 电芯正极与汇流排采用激光焊连接 4. 电芯负极与弹片采用机械接触连接	1. 单层电芯组装为模块 2. 多个模块堆叠或平铺形成模组 3. 电芯正极与汇流排采用电阻焊连接 4. 电芯负极与汇流排采用电阻焊连接	1. 单层电芯组装为模块 2. 多个模块堆叠或平铺形成模组 3. 电芯正极与汇流排采用铝丝超声焊连接 4. 电芯负极与汇流排采用铝丝超声焊连接
产品安全性	具有自熔断功能，安全性高	无自熔断功能，安全性一般	具有自熔断功能，安全性高
生产速度为800只/min的自动化产线价格	约1.12亿元（中等）	约0.66亿元（较低）	约2.40亿元（较高）
自动化生产线开发难度	开发难度较大，有一定风险	成熟产品	开发难度较大，有一定风险
生产成本	无耗材，生产成本低	无耗材，损耗焊针，生产成本较低	有耗材铝丝和胶水，生产成本高
工艺缺点	有焊穿电池壳的隐患	1. 焊针500次焊接后打磨，有粉尘，运维复杂 2. 有损伤电池盖隐患	1. 新技术风险大 2. 对原材料一致性要求很高 3. 对车间环境要求较高
采用厂家	安靠、赛恩斯	福斯特、比克	特斯拉、欣旺达
设计生产经验	有	无	无

该项目采用高自动化插接式生产技术，与行业内成熟自动化设备供应商共同优化设计，形成了目前的高自动化生产技术。采用插接式模组工艺，可根据客户要求，组装成各种形状的电池包，型号开发难度小。采用插接式模组工艺，激光焊无耗材，易维护，成本低。

3. Pack 工艺流程

该项目的汽车动力电池包生产工艺主要由模组生产、电池包生产和容量检验三个工序组成。项目针对装配工艺特点，采用全自动和半自动结合的工艺流程，提高生产效率，降低人力成本。采用自动化插接式模组工艺和半自动电池包工艺，此工艺路线在电池包产品性能和可制造性方面均进行了全面的考虑。

该项目工艺流程以智能制造为设计原则，采用 MES 管理生产计划；对班组信息、设备信息、原材料批次信息、生产过程数据和质量检测数据进行全面的自动采集和汇总分析，实时监控生产状态和质量状态；可根据原材料批次信息追溯产品信息，以及通过产品批次信息追溯原材料信息和生产过程信息。

（1）全自动模组装配　电芯车间生产电芯分档后存放于定制料盒中，然后按档次和批次存放在电芯成品仓库里，AGV 系统根据 MES 中生产计划自动转运电芯至全自动模组上料区。

上料区电芯由工业机器人上料至自动流水线。电芯经过扫码分选单元，记录电芯批次、复测电压和内阻；合格电芯经过 PET 膜去除单元，去除负极底部 PET 膜；经等离子体清洗单元，去除电池盖和电池壳底部表面污渍；进入支架单元，电芯按照一定阵列形式插入支架；经激光打码单元，根据 MES 设定在支架上标记打码，并与电芯信息进行绑定；经弹片激光焊接单元，将支架中的弹片与电芯正极进行焊接；经并连片上料安装单元，将并连片安装在支架上；经并连片激光焊接单元，将并连片与弹片进行焊接。至此，模组的子单元模块全部完成，插接式最上层模块与中间层模块的支架和焊接参数略有区别，通过设定自动线参数，可实现两种模块按照设定比例交替生产。

1 个负极支架，若干个中间模块，1 个正极模块在插接组装单元层层摞起来并挤压，串联为一个初步的模组；经极柱安装工位，分别在模组正负极汇流板安装极柱；经固定板安装工位，在汇流板上安装固定板；经加热带安装工位，在模组电芯间隙插入加热带；在 PCB 板安装工位，安装 PCB 板和温度电压采集线束；在模组打包工位，对模组进行固定；在 EOL 检测工序，检测成品模组的电阻和电压等参数。

具体工艺流程如图 4－4 所示。

（2）半自动电池包的装配　AGV 系统根据 MES 中生产计划将原材料自动转运至上料区，在上料单元，线体定制 AGV 将电池箱托起，依次经过各道工序；在清洁工位，采用吸尘器对电池箱进行异物清洁；在高压线缆和组件安装工位，将高压线缆和组件安装到电池箱相应位置；在 BMC 和 LMC 组装工序，将 BMC 和 LMC 安装到电池箱相应位置；在入箱和固定工位，工人在自动提升系统协助下将模组安装到合适位置；在线束安装与整理工位，安装相应线束并整理，在半成品检测工序，进行 Pulse 充放电等检查项目，检验装备的正确性；在封箱工序，涂胶并安装上盖板；在成品检验工序，检验绝缘性和气密性。

本线体中所有螺钉的装配力矩都有明确的规定，通过自动或半自动拧紧装置进行转配。半自动电池包装配工艺流程如图 4－5 所示。

（3）容量检测　AGV 系统根据 MES 中生产计划将半成品区的待测

电池包转运至测试区，人工接线后，测试系统自动检测电池包容量并上传数据至 MES，测试完成后打包入库。容量检测工艺流程如图 4－6 所示。

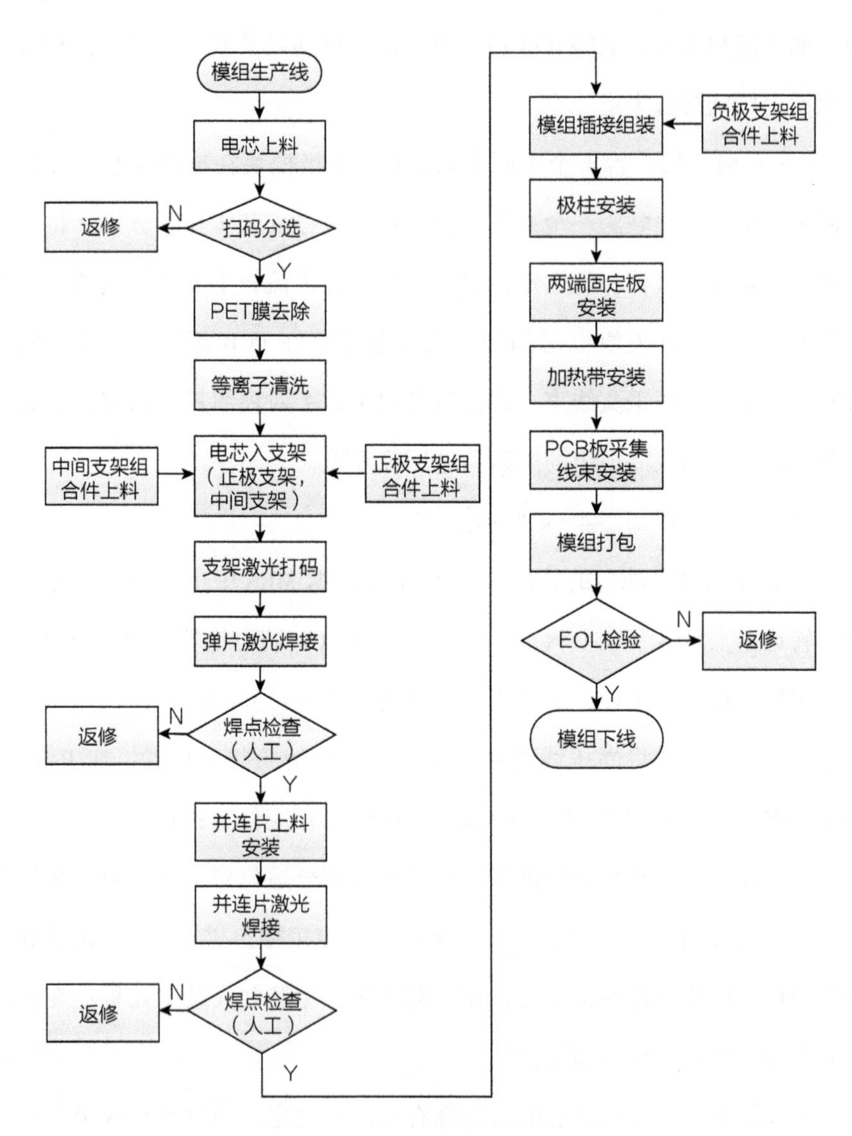

图 4－4　全自动模组装配工艺流程

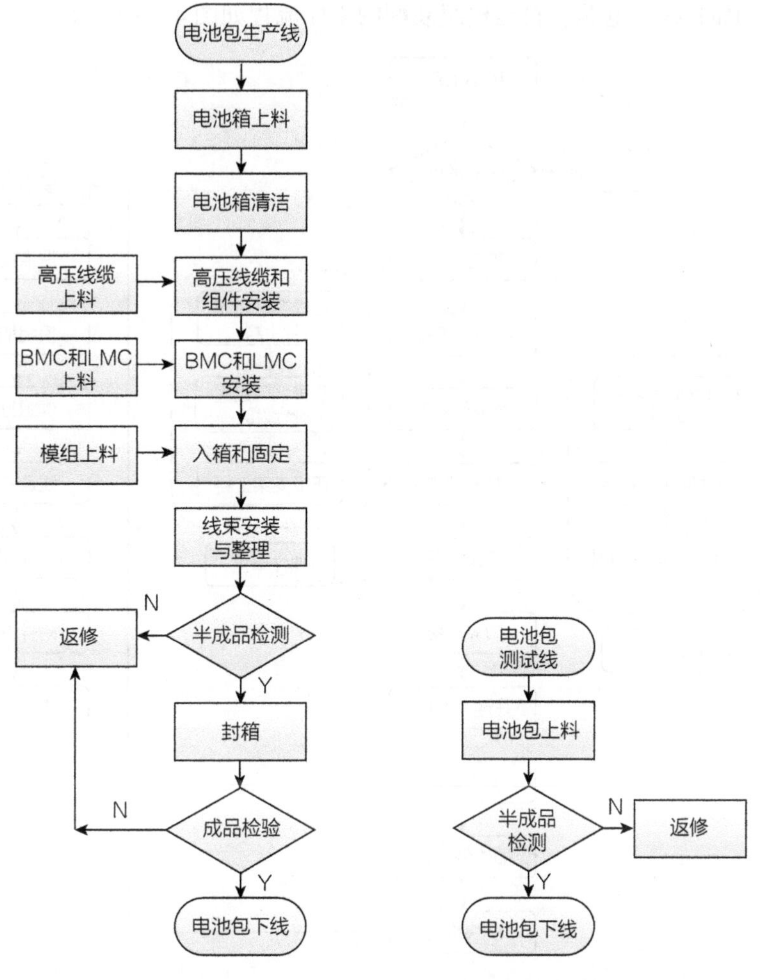

图4-5 半自动电池包装配工艺流程

图4-6 容量检测工艺流程

4. Pack 生产制造

Pack 生产制造流程：中间支架组装→电芯上料→电芯筛选（OCV/IR 测试）→PET 膜去除→等离子清洗→电芯检验→电芯入中间支架→焊接→汇流排组装焊接（正/负极支架组合焊接）→焊点检查→模组及端板绑定→模组转接端子组装→PCB 板采集线束和加热片安装→模块检验→模组下线流转。

Pack线从电芯上料至模组装配的工序流程如图4-7所示。

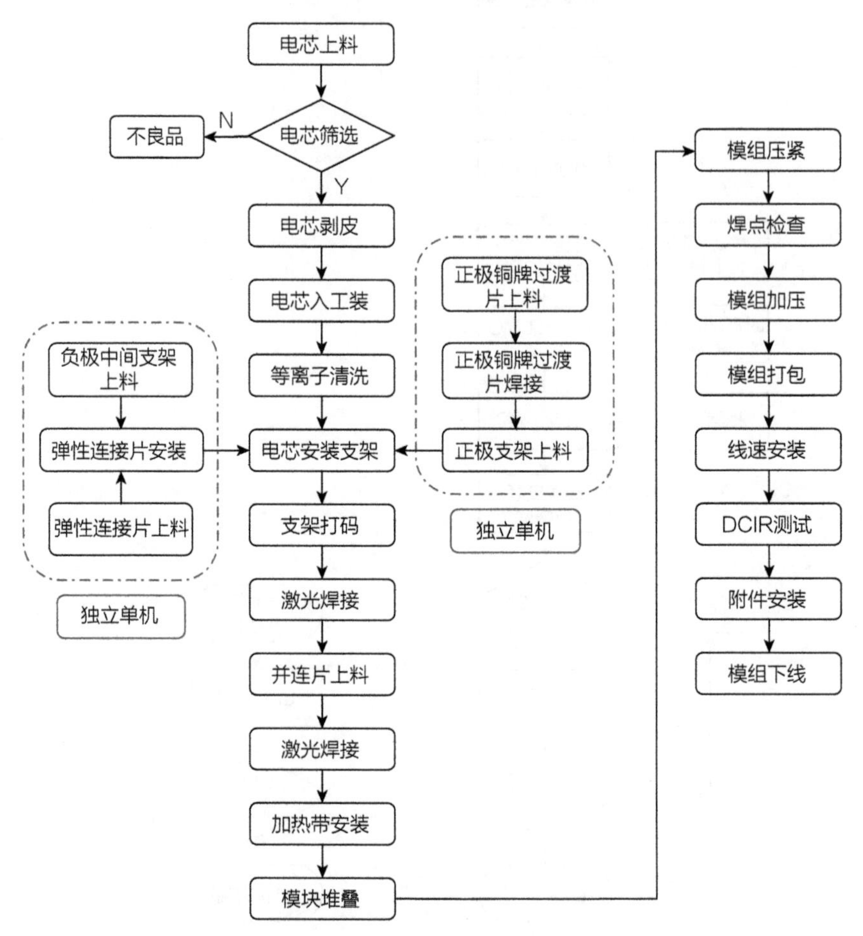

图4-7 Pack线从电芯上料至模组装配的工序流程

(1) 产线布局 Pack产线设备布局如图4-8所示。

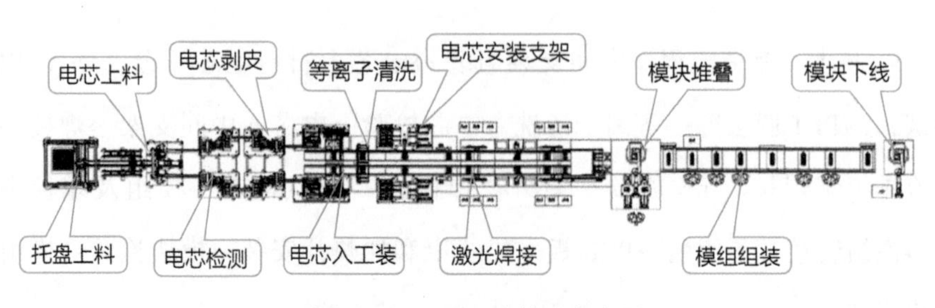

图4-8 Pack产线设备布局

（2）电芯上料

1）功能：电芯上料的主要功能为从纸盒或标准托盘中取出电芯到自动线。

2）工艺技术：

①托盘用标准出货纸盒取出，设备自动将电芯从纸盒中取出上线。

②扫描电芯上的条形码（条形码位于电芯的侧面），和电芯来料数据比对。

3）电芯上料设备：电芯上料设备如图4－9所示。AGV小车将满电池盒的托盘运送至上料位，CCD相机拍照定位，距离传感器检测高度，夹爪进行抓取操作并将托盘放置在倍速链输送线上。料盒抓取完后，AGV小车将空托盘运送至电芯堆放区。

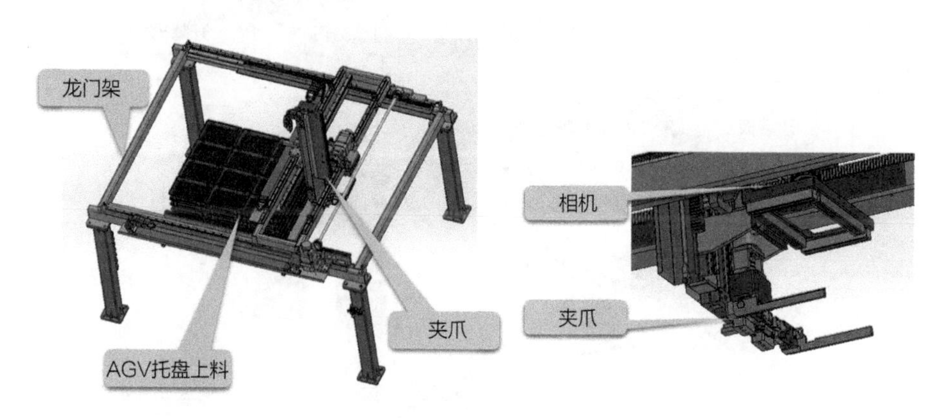

图4－9 电芯上料设备

电芯上料设备的特点如下：

①AGV小车整托盘上料，节约上料时间。

②相机定位，四轴调整，保证抓取动作既准确又稳定。

③夹爪具有防撞功能，保证电芯、料盒的安全。

4）上料过程：电芯上料如图4－10所示，料盒通过上层输送线运送至电芯抓取工位进行定位，夹爪将料盒抓取至线体两侧，对料盒进行90°翻转，电芯抓取机构将电芯抽取至电芯输送线上，导向机构下降并对电芯进行输送。空箱通过升降机运送至下层倍速链，运送至堆叠工位，可堆叠4跺，满料后将提示人工取走。

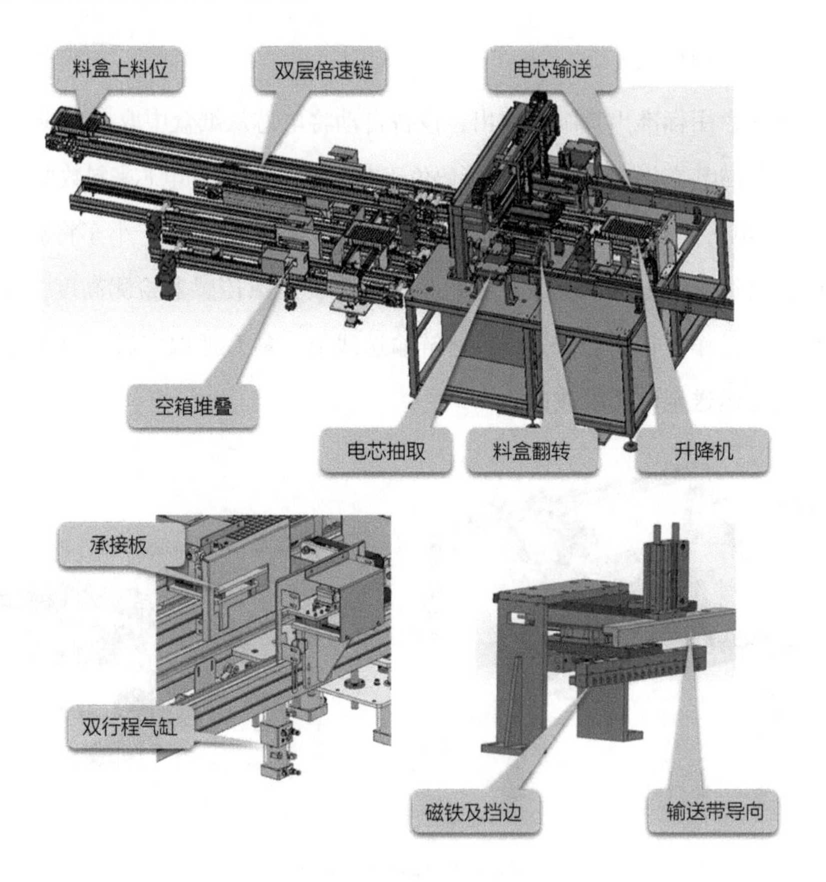

图4－10　电芯上料

电芯上料过程的特点如下：

1）空箱回流后进行堆叠，满料后将产生报警提示，减少人工的操作时间。

2）抓取料采用双工位，做到故障不停机。

3）抓取后输送导向机构保证了电芯搬运的稳定高效。

（3）电芯检测　电芯检测如图4－11所示。上料夹爪从输送线上一次抓取12只电芯，变间距后放置在步进托板上，并由其将电芯运送至扫码工位，滚轮带动电芯旋转，CCD相机自动抓取电芯上的条码信息，并上传至MES。在OCV/IR测试工位，压板将电芯压紧，探针同时对12颗电芯进行测试，并将测试信息上传至MES。下料机械手根据扫码及测试情况将电芯放置到OK输送线或NG工位。

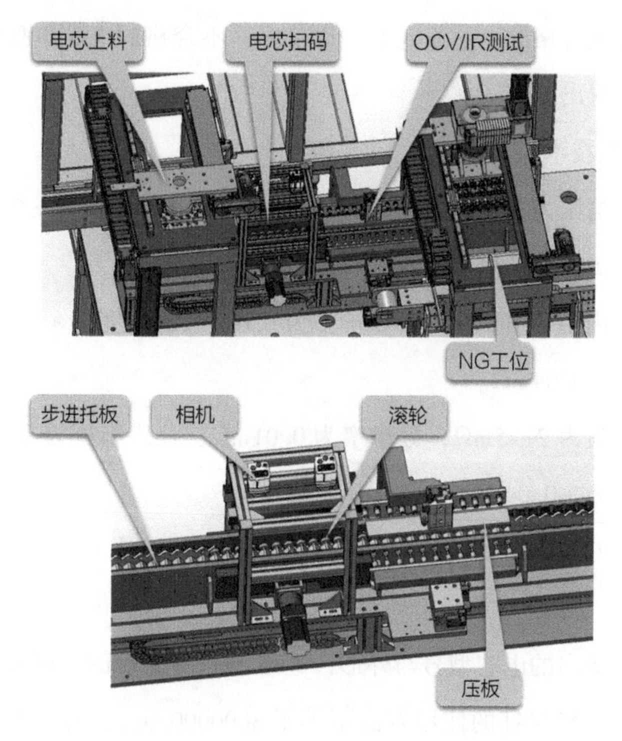

图4-11　电芯检测

电芯检测的特点如下：

1）采用专利技术，对多组电芯条码进行滚动扫描，高效且稳定。

2）采用专用同轴高频探针，保证电芯测量的精度和分选的准确率，且更换也比较方便。

3）将NG电芯按照扫码不良、测试不良、压降过大及批次不符等情况，进行分类存储，以便于质量追溯。

（4）电芯筛选（OCV/IR 测试）

1）功能：

①测试每只电芯的 OCV 和 ACIR，并将测试数据和电芯数据绑定后上传至 MES。在联机状态下，由 MES 判断电芯是否合格；在单机状态下，数据存取在本地；联机时，自动上传至 MES。

②将测试合格的电芯流入下一道工序，不合格的电芯单独流出，并及时提醒员工取出。

2）工艺技术：

①电芯电压为 0 ~ 5000mV，分辨率为 0.01mV，精度为 ±0.3mV，整体测试精度为 ±0.3mV。

②电芯内阻为 0 ~ 2mΩ，分辨率为 0.01mΩ，精度为 ±0.02mΩ，整体测试精度为 ±0.04mΩ。

电芯内阻为 2 ~ 5mΩ，分辨率为 0.01mΩ，仪表精度为 ±0.02mΩ，整体测试精度为 ±0.04mΩ。

③测试 OCV 和 IR 的标准使用 MES 中的数值，技术人员可以根据需要进行更改。

④针对给出的电芯型号与外形，电压内阻测试仪的测试夹具具有高精度、耐用（接触探针的使用寿命不小于 3000000 次）、易于维护和易于换型等特点；由于电芯壳为铝壳，表面可能会有氧化层，探针端面开齿槽能够刺破电芯表面氧化层，防止误判。

⑤软件功能：具备权限管理功能、记录功能、查询功能、修改删除功能、报表输出功能、Excel 导入与导出及提供数据库外接口。

⑥在测试、分选过程中，电芯表面不得出现任何划伤和磕碰等。

（5）电芯剥皮

1）功能：

①将电芯外表面的 PET 膜去除。

②去除电芯正极的绝缘片。

③检测电芯外观。

④检测电芯入装极性位置。

2）工艺技术：

①不能破坏电芯的涂层。

②电芯内表面瞬间温度不能超过 80℃。

③对于外观及极性位置不良的自动剔除，并提醒工作人员取走。

3）电芯剥皮操作：如图 4－12 所示，步进线将 12 只电芯同时送到第一次激光切割位，上滚轮压住电芯，下滚轮转动，激光器进行环形切割；步进至第二次激光切割位，激光从环形至底部进行切割；电芯至剥皮工位用压板压住正极侧，夹爪将电芯外皮剥离，并由压缩空气吹出料仓。

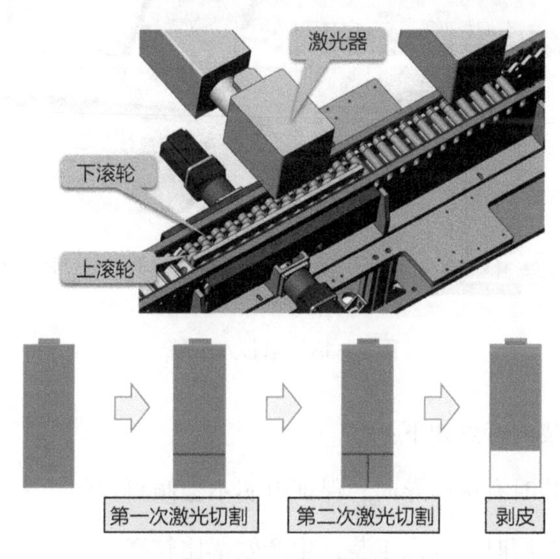

图 4－12 电芯剥皮

电芯剥皮的特点如下：

①可同时对多只电芯进行处理，生产效率比较高。

②用伺服系统控制电芯旋转，可保证电芯外皮切割的完整性。

③分次对电芯表皮进行切割，保证了剥皮的可靠性。

（6）电芯入工装　如图4－13所示，夹爪从输送线上抓取电芯，分间距后放置在导向槽上。推板将电芯推入旋转导向，旋转导向翻转90°并移动至入壳工位。电芯工装通过机械手从倍速链输送线上抓取至入壳工位，入壳气缸将电芯压入电芯工装内。装满电芯的工装通过机械手抓取至倍速链输送线上。

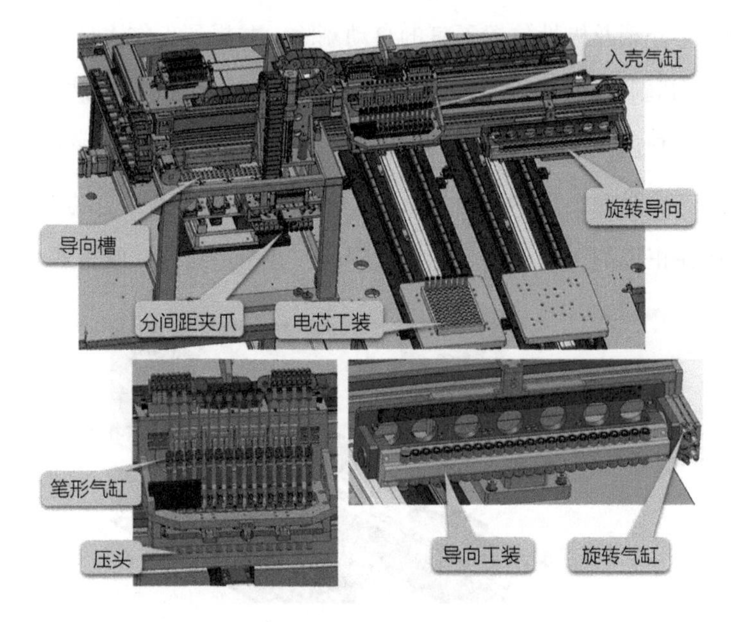

图4－13　电芯入工装

电芯入工装的特点如下：

①进入工装时有精确导向，保证电芯不会倾斜划伤。

②多只电芯同时进气入工装，生产效率比较高。

（7）等离子清洗

1）功能：对电芯表面进行等离子清洗。

2）工艺技术：清洗完成后，电芯表面去尘，无污物和杂质。

3）等离子清洗的操作：如图 4－14 所示，装满电芯的工装通过倍速链输送线运送至等离子清洗工位后进行定位，XY 二轴机械手带动等离子清洗头对电芯正极表面进行清洗。

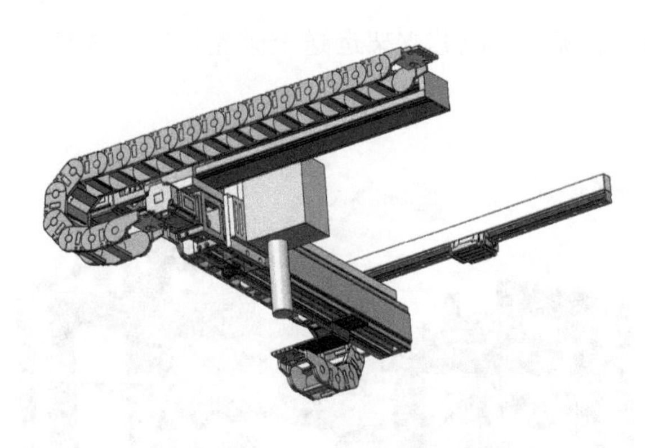

图 4－14　等离子清洗

等离子清洗的特点如下：

①等离子清洗路径及时间可自由设定，保证清洗效果。

②电芯清洗完成后立即会将支架盖上，避免再次污染。

（8）电芯入中间塑料支架

1）功能：

①将中间塑料支架组合体（中间塑料支架、弹片和电压采集弹片）上料。

②焊接弹片依次装入到上支架内。

③电芯按照模块要求依次插入装有弹片的上支架内，并挤压保证电芯正极极柱和弹片接触。

2）工艺技术：

①电芯插接到位，保证正极极柱和弹片完全接触。

②若电芯位置和极性与要求不符，必须立刻报警提醒操作人员进行处理。

3）电芯安装支架：如图4－15所示，电池支架放置在料架里，人工将料架推入料仓。提升装置将料仓一层层托起，搬运机构将电池支架推送至搬运位并加以定位。四轴机器人抓取电池支架，通过CCD相机定位后放置在装满电芯的工装板上。电芯支架运送至激光打码工位打码，数据绑定并上传至MES。

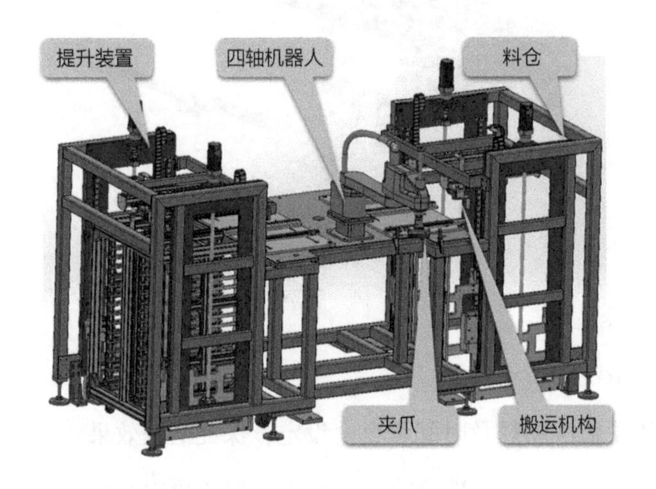

图4－15　电芯安装支架

电芯安装支架的特点如下：

①支架料车每侧两台，其中一台备用，不影响生产。

②缓存槽可加以调节，以适应不同规格的模块。

③可缓存15min用量，料槽有缺料提前预警功能。

（9）激光焊接

1）功能：

①使汇流排（中间塑料支架）完整地焊接到电芯的正极端（弹片与电芯焊接，弹片与连片焊接），并将数据上传至MES。

②使汇流排（正极塑料支架）完整地焊接到电芯的正极端（弹片与电芯焊接，弹片与连片焊接），并将数据上传至MES。

③使汇流排（负极塑料支架）组合与弹片激光焊接，并将数据上传至 MES。

④焊接后自动检测焊点质量是否合格。合格产品流入下一道工序，不合格产品单独流出，并及时提醒工作人员取出。

2）工艺技术：

①不能焊穿汇流排及电芯的正极端。

②焊点强度（剥离力）应大于 100N。

③能够焊接镍片、钢片等。

④一个产品的焊接参数放在一个文件里（一个产品一个文件）包含设置参数、运动参数和坐标、原点或零点坐标、测距 Spec、偏差 Spec 及焊点检测对比参数等。切换产品时只需要选择这个产品文件，不需要额外动作。

⑤设备 PLC 与计算机间的通信协议。

⑥产品信息上的输入与输出功能。

⑦界面有焊点布局图，对 Pass 和 Fail 不同焊点有颜色显示。

⑧可设置产品文件数据来源于本地还是服务器，服务器可设置和导入焊接参数。

⑨焊接工装便于及时换型使用。

⑩对中途发生的异常作业，操作人员可通过调整，继续后续焊接。

⑪配备自动焊点检查功能。

3）激光焊接操作：如图 4-16 所示，支架运送至第一焊接位置定位后进行弹片与电芯正极的焊接。人工将并连片放置在料盒里，规整气缸进行规整，测距传感器测量并连片厚度，上料机械手根据测量的厚度抓取并连片将其放置在支架上。支架在第二焊接工位定位后进行并连片与弹片的焊接，每颗电芯的焊接数据都会上传至 MES。

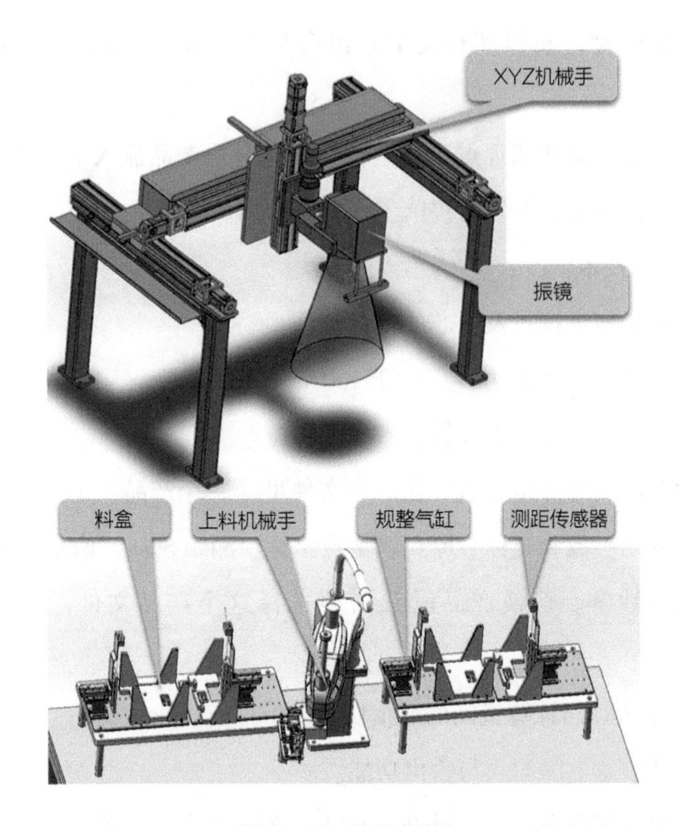

图4－16　激光焊接

激光焊接的特点如下：

①料盒分别位于左右两侧，更换料时不需要停机。

②规整定位，测量厚度，抓取安全可靠。

③采用振镜焊接方式，生产效率非常高。

（10）模块堆叠　如图4－17所示，六轴机器人将负极支架、焊接模块和正极支架依次堆叠至模块堆叠位。电缸使用力矩模式将模块压紧，并记录、判断高度是否在允许范围内，然后移动至人工工位进行焊点检查。待往复运动至模组拼接完成后，六轴机器人将模组放置在出料工位上。

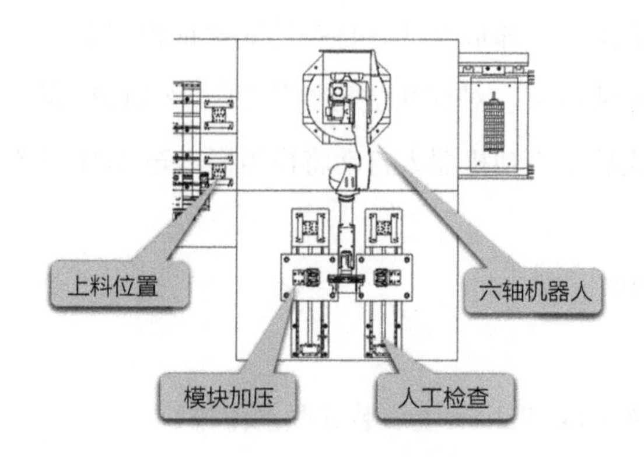

图4-17 模块堆叠

模块堆叠的特点是：每层模块都要压紧并记录高度数据，以保证拼接的可靠性。

（11）模组组装及下线 如图4-18所示，在模组加压工位，人工装上两侧的端板，设备自动将模组加压至设定长度，自动记录压力值并判断

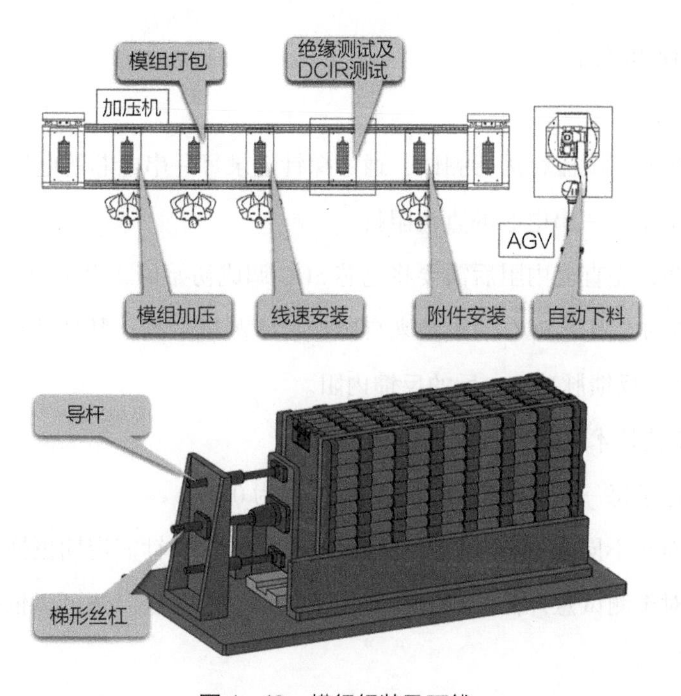

图4-18 模组组装及下线

是否在安全值范围内。梯形丝杠有自锁功能保证模组长度，人工在下一工位进行打包并安装线束。对模块进行绝缘测试及 DCIR 测试，人工进行附件的安装。完成后由六轴机器人自动将模组搬运至 AGV 小车上，运送至指定地点。

1）模组插接组装

①功能：

a. 在焊接好的 Cellblock 上安装并联汇流排。

b. 按照 7 层模块进行堆叠。

②工艺技术：每层模块插接堆叠都必须挤压到位，并记录高度值。

2）采集线束安装：

①功能：人工安装 PCB 板采集线束和加热带。

②工艺技术：需要扫描检测是否安装零部件，若无自动报警提醒操作人员。

3）DCIR 测试：

①功能：

a. 按照测试流程进行测试，通过探针记录每一串电芯的电压。

b. 记录每一串电芯的直流阻抗。

c. 测试完直流内阻后需要将电芯 SOC 调成初始值或设定值。

计算的内阻是 SOC 的函数来自脉冲功率测试数据：脉冲放电 10s 后的放电内阻；反馈脉冲 10s 后的反馈内阻。

②工艺技术：

a. 记录每一串电芯的电压，记录间隔为 0.1s。

b. 对于不同模块的测试工序需要容易更换，探针需定期更换。

c. 对于测试意外停止的产品应记录其充放电容量，并可以依据此记录指导返工。

4）下料单元：

①功能：将制作好的模块按顺序下料到模块流转车中或AGV小车中。

②工艺技术：运转模块的周转车厂家设计；下料时对物料车和电芯包扫描条码，并将数据上传到MES。

模组组装及下线的特点是：模组组装的同时记录长度值及压力值，保证模组组装的可靠性。

（12）弹片安装（单机） 如图4－19所示，弹性连接片通过振动盘上料，出料后通过磁性立柱将弹片吸起并插入到治具导向孔内。治具移动至下一工位，CCD相机拍照并判断弹片的角度，旋转弹片导向孔至正确角度。夹爪将治具抓起并移动至电芯支架上方，压杆将弹片压入支架孔内。治具通过步进线回流至弹片安装工位，完成一个循环。

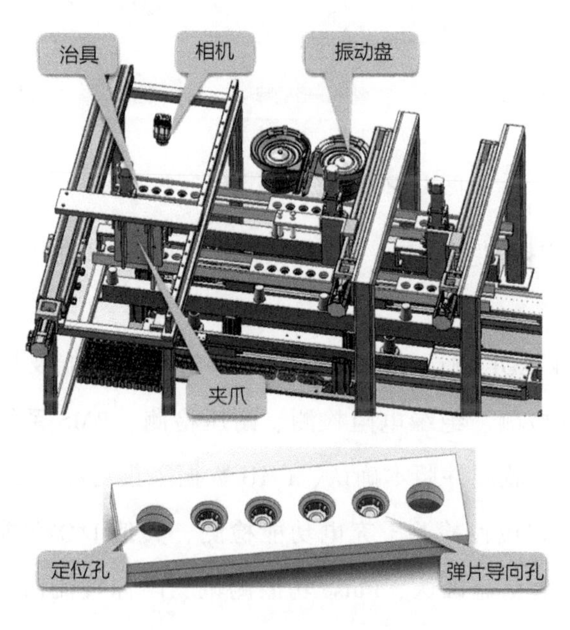

图4－19 弹片安装（单机）

弹片安装的特点是：振动盘出料时弹片位置不稳定，应先插入导向孔，再判断角度，保证弹片安装的准确性。

（13）正极铜牌焊接（单机） 正极铜牌焊接（单机）如图4－20所示。人工将正极铜牌和过渡片放置在料盒里，规整气缸进行规整，测距传感器测量厚度，上料机械手根据测量的厚度依次抓取正极铜牌和过渡片放置在工装上。工装移动至激光焊接位置后定位进行激光焊接。焊接完成后的铜牌通过机械手抓取至下料位置。

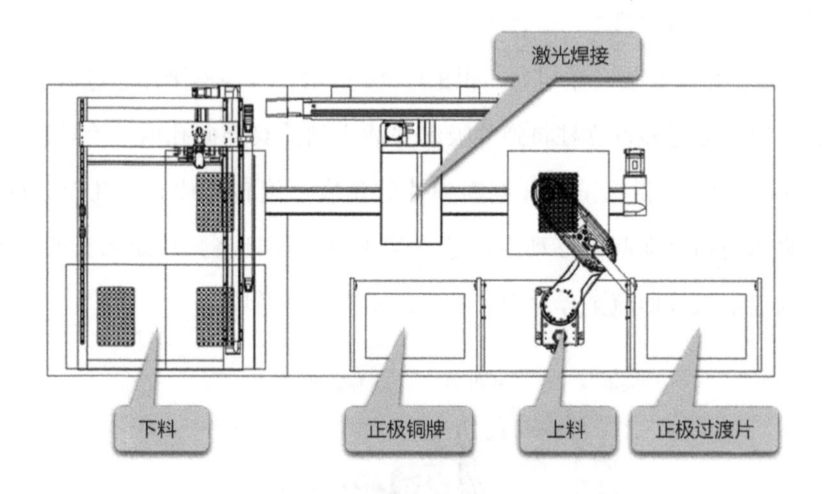

图4－20 正极铜牌焊接（单机）

正极铜牌焊接的特点是：一台正极铜牌焊接机可以同时满足两条生产线的生产需求。

（14）Pack EOL测试 Pack EOL测试的主要功能及检测基本内容有：箱体漏电检测、绝缘电阻检测、耐压检测、BMS系统功耗、通信端口功能检测、软硬件版本确认、LMU数据采集功能、数据精度检测、高压端口电压和极性检测、充电功能检测、其他I/O功能检测、仿真信号输入、报警信息确认、Pulse功能测试、国标直流内阻测试、采样数据分析、测试报告及数据MES存储。Pack EOL测试工艺流程如图4－21所示。

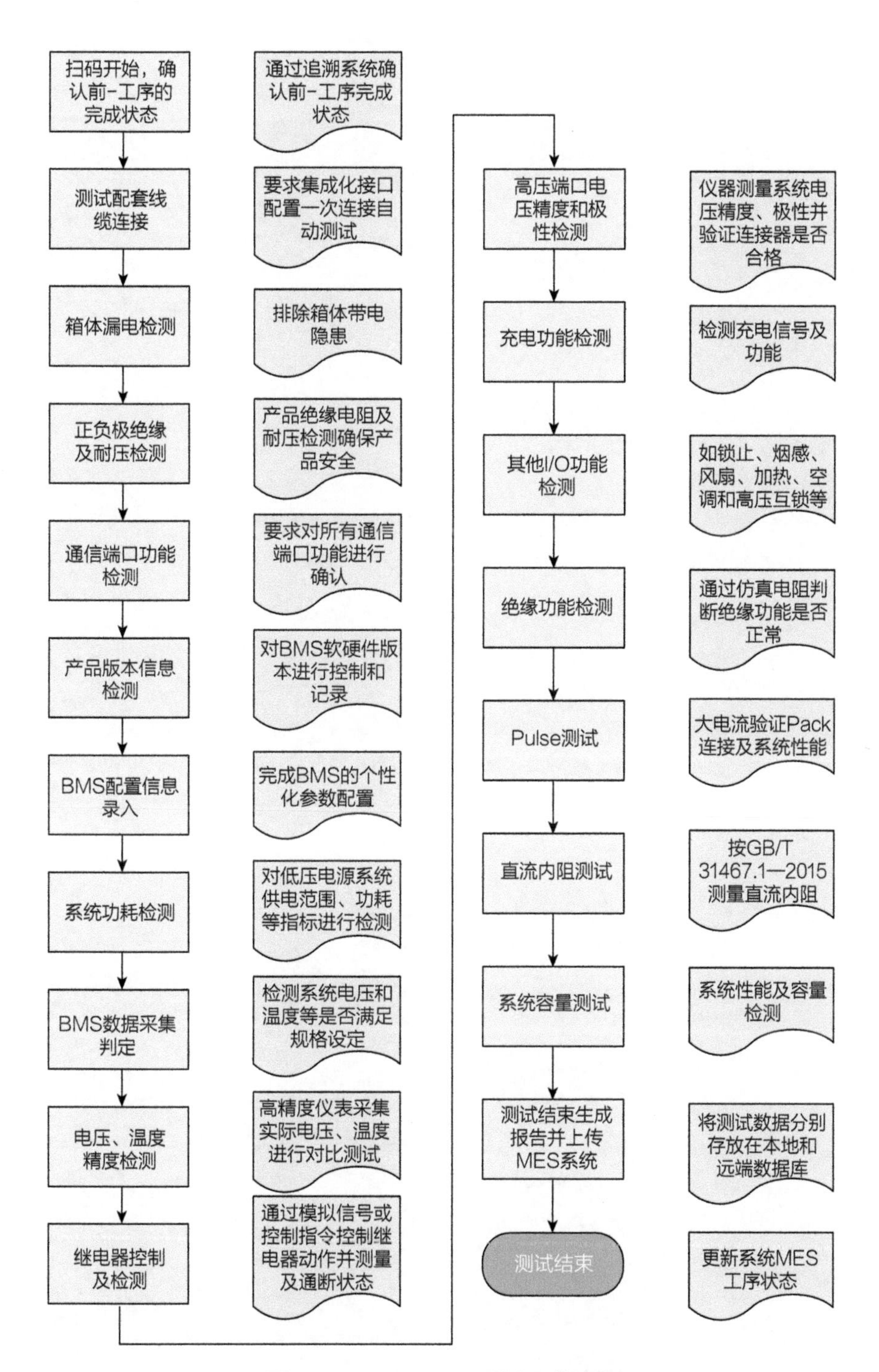

图 4－21　Pack EOL 测试工艺流程

05

第5章

项目技术路线

5.1_ 锂离子动力电池智能工厂架构

锂离子动力电池智能工厂架构如图 5－1 所示。本项目以 21700 锂离子动力电池智能制造新模式为主线，推动动力电池智能制造核心装备及短板装备的智能化建设，依托覆盖各工序关键设备的工业网络，基于针对锂离子动力电池生产全生命周期的综合信息化集成系统（SCADA、MES、智能 AGV 调度系统、智能立体仓化成系统、ERP、SCM、CRM 及 WMS 等）和

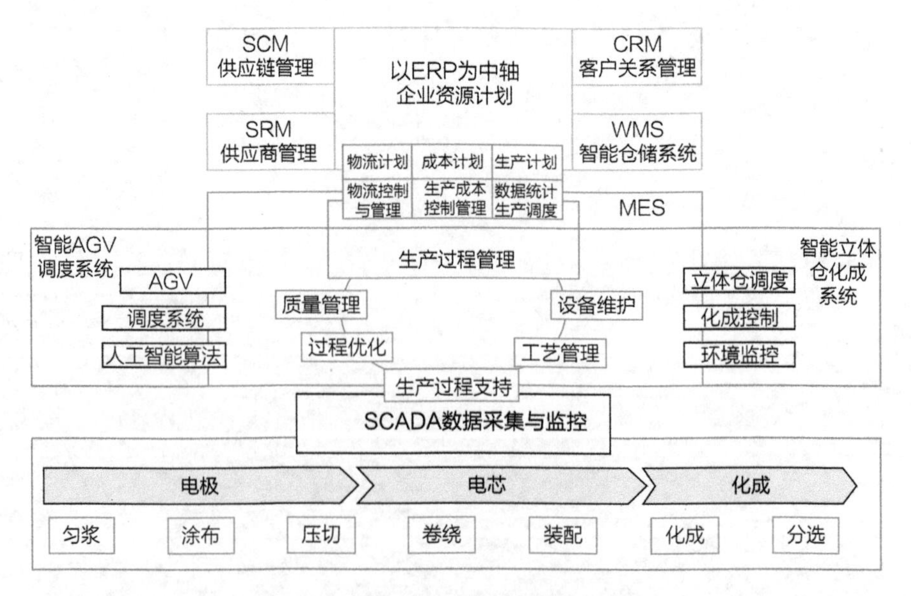

图 5－1　锂离子动力电池智能工厂架构

工业云平台，依托工业互联网、物联网、大数据、云平台、人工智能，统筹计划、设备、物料、人员及环境等信息，完成锂电池工厂从产品设计、生产、物流和销售等全生命周期的自动化生产管理和高度信息化集成。本项目的建设可解决21700锂离子动力电池生产成本高、单体一致性低和生产过程对智能装备、质量管控及精细化生产管理等智能化要求高的行业重大问题，进而带动产业的快速发展。

5.2_ 锂离子动力电池智能制造网络架构

锂离子动力电池生产车间工业互联网主要由现场OT网络、网关、工厂局域网（IT网络）和工业云平台等组成，分为现场级、车间级和工厂级三个层次。锂离子动力电池智能制造网络架构如图5-2所示。

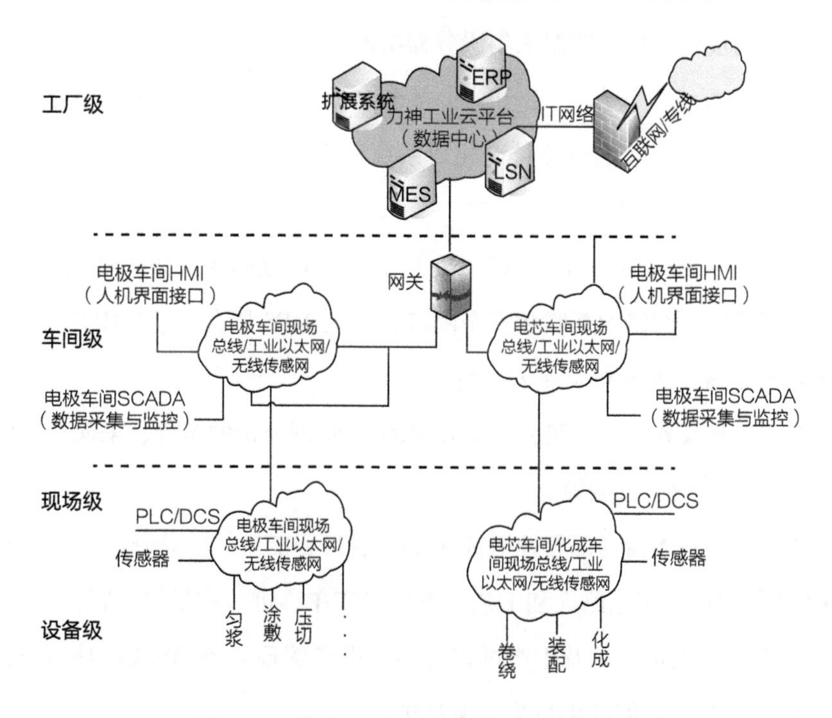

图5-2　锂离子动力电池智能制造网络架构

（1）现场级　现场OT网络包括现场总线/工业以太网、低功耗广域传感网等，用于连接现场的控制器（PLC/DCS）、传感器、监控设备、扫码设备和输入终端等。

（2）车间级　车间OT网络用于连接数据采集与监控系统（SCADA）、人机界面（HMI）等。其中，电极、电芯和化成车间采用SCADA等系统进行设备的数据监控和采集。此外，车间采用基于LORA通信的低功耗广域传感网实现对车间环境的实时感知和监控。

车间级设备联网方案中，制浆机、涂敷机、碾压机和剪切机的每一套品牌PLC均通过以太网通信卡连接至车间网络，由车间网连接至数据采集服务器。

卷绕机共计40台设备，其中30台卷绕机的主控设备为PLC，每台设备均通过以太网接口连接至数据采集服务器组网，另外10台卷绕机均通过IPC以太网接口连接至数据采集服务器组网。

每条装配线上共有15台PLC，每个PLC均通过以太网接口连接至数据采集服务器组网。智能立体仓化成系统和智能AGV系统均通过计算机连接至MES服务器组网。

（3）工厂级　工厂IT网络主要基于IP，通过网关、防火墙设备实现与互联网和OT网络的互联和安全隔离，连接MES服务器、ERP服务器和LSN服务器等，并连接工业云平台。

1）ERP服务器：安装公司ERP系统，管理公司的销售、采购、仓储、物流、财务及商业智能等。

2）MES服务器：部署锂电池MES，管理智能工厂的基础数据（物料、BOM物料清单、工艺路径和工艺配方）及工单，进行称量间、容器、称量设备的定义和维护，以及生产过程管理、设备管理、条码标签和报表格式的设计等，与企业信息化系统实现对接。

3）低功耗广域传感网 LSN 服务器：包括网络服务器、网络控制器、应用服务器和用户服务器等部分，实现对传感器终端的网络通信、应用服务、数据率调整和用户管理等功能。

4）工业云平台：由工业大数据平台和工业服务平台组成，实现基于海量生产数据的深度挖掘和工业大数据分析。

5.3_ 智能立体仓化成系统

S 公司动力电池智能制造工厂利用立体仓库技术构建全自动化成系统，将系统自动物流装置、自动堆垛装置、自动化成及监控装置和数据处理系统进行集成，可实时监控现场工况，提高生产效率。智能立体仓化成系统总体设计如图 5-3 所示。

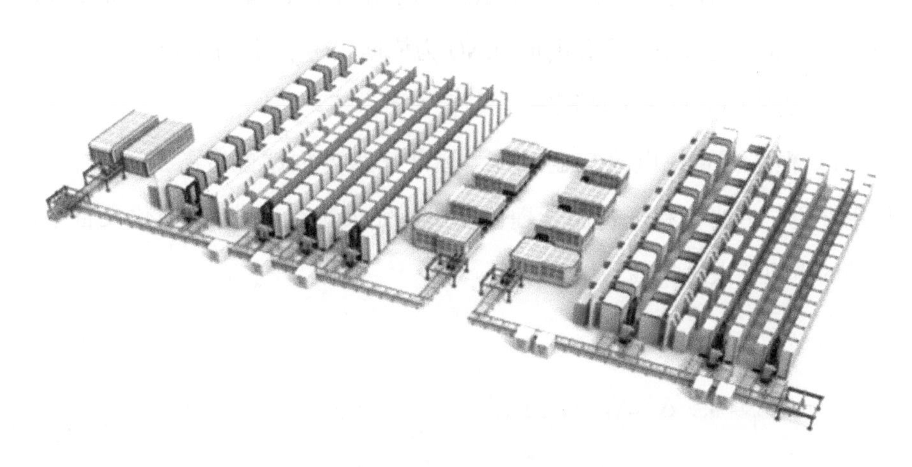

图5-3　智能立体仓化成系统总体设计

该智能立体仓化成系统分为充放电区域、高温老化区域、常温老化区域、自动筛选区域和总控室，按照一定产能在产品投入至分档结束全过程中，减少操作人员的数量，实现数据跟踪及处理的自动化。

智能立体仓化成系统概述如下：

1）由化成段和分容段两部分组成，设备用于静置和测试工序，电源柜提供电池分容时所需要的电流、电压和容量控制，对电池分容进行过程监控和保护，采集电池分容过程中产生的数据，并和 MES 数据库系统与测试机进行数据交互。

2）物流系统及相关设备通过配套管理系统实现与 MES 的对接，通过调度系统实现设备和上下游系统的集成，实现生产能力的匹配，满足生产线生产工艺要求。

该系统具有如下优势：

1）集成式自动化化成分容机械单元及 OCV/IR 测试单元，降低了操作人员的工作量，减少了人为操作失误，高效率、高质量满足各类客户的生产需求。

2）化成分容电源模块以检查托盘为基础单位，检查参数、批号和品牌等，全部以托盘条形码和电池 IDNO 为依据，用于可追溯管理。

3）必要的数据由上位机统一管理。

4）框芯可卸式电池托盘设计，标准托盘外框架配合各类电池框芯，使用方便，更加有利于仓储管理，能快速完成半自动化/自动化设备生产品种的更换，大大提高了生产效率。

5.4_ 智能 AGV 调度系统

本项目结合物联网、人工智能等当今科技领域先进的理论和应用技术，通过自动导引装置，沿规定的导引路径，实现车间内物料的传送，实现高效、经济及灵活的无人化搬运，整体提高动力电池生产的工业自动化、信息化、数字化和智能化的能力。

5.4.1 AGV 系统

（1）机械结构　机械结构主要由车体、驱动单元和对接机构等部分组成。车体由车架和相应的机械装置组成，是 AGV 的基础部分，也是其他总成部件的安装基础。车架为钢焊接加工，车体外壳采用钣金加工，滚带机构固定在车体上。

驱动单元采用双轮差速结构，由驱动轮、伺服电动机、减速机和减振器等组成。每个驱动轮由一台伺服电动机通过减速机独立进行驱动。驱动轮通过阻尼减振机构和车体连接，以减小运动过程中的振动并改善轮子与地面的接触性能。AGV 的移动速度和车身方向由两个驱动轮的速度和速度差决定。

对接机构主要由驱动部分、滚带部分、检测装置和保护装置等部分组成。对接装置双侧敞开，主要完成料盒和花篮与工位的交接工作，共设计上下双层滚带，每层左右两条滚带，共有 4 个交接位置。每条滚带单独提供动力。同时，侧部设有光电检测识别传感器，检测存货量，防止装卸货的遗漏问题。

（2）电气系统　电气系统主要由 PLC 及外围模块、激光雷达、伺服电动机及驱动器、避障传感器、无线接入点（无线 AP）、充电片、锂电池、警示灯、音频输出及按钮组成。AGV 电气系统如图 5－4 所示。

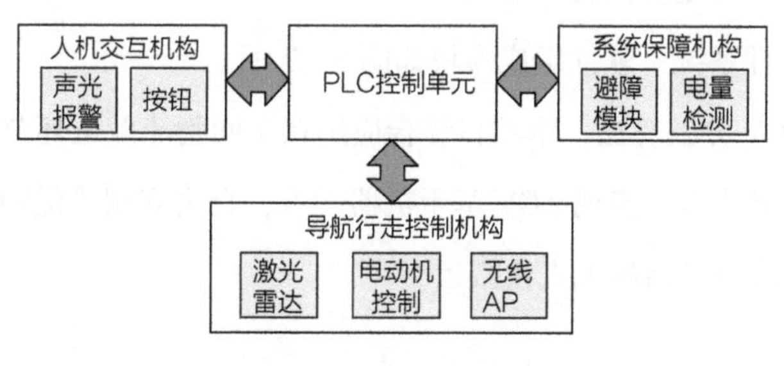

图 5－4　AGV 电气系统

安全装置采用非接触激光避障器，如图 5－5 所示。监测范围为 0.2～5m（原点是扫描中心位置），扫描角度为 180°。车体前方、后方共两套避障装置，同时前后加装机械触边避障，多种避障方式共用，避障更安全。具有报警指示灯和报警语音，采用急停按钮进行紧急停止。AGV 不同警戒区域示意图如图 5－6 所示。

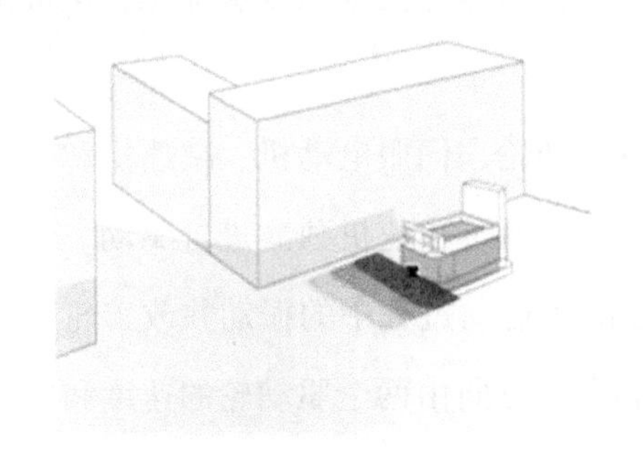

图 5－5　非接触激光避障器

图 5－6　AGV 不同警戒区域示意图

在人工和自动混合工作时，AGV 需做到车让人，保证工作人员的安全，所以在 AGV 行走方向上设置有光电避障器。

1）当 AGV 行驶方向前方 2.0～3.0m 警戒区域内出现人员或障碍物时，AGV 会进行警戒报警。

2）当 AGV 行驶方向前方 1.0～2.0m 警戒区域内出现人员或障碍物时，AGV 会警戒报警并减速前行。

3）如果 AGV 行驶方向前方 0.1～1.0m 保护区域内出现人员或障碍物，AGV 停止行走并进行声光报警。

（3）软件系统　软件组成模块如图 5－7 所示。

（4）AGV 导航算法　本项目综合应用在车间物流配送环节，应用机器学习人工智能技术，实现 AGV 基于机器学习，自主规划最优物流路线，实现高效、经济及灵活的无人化搬运。

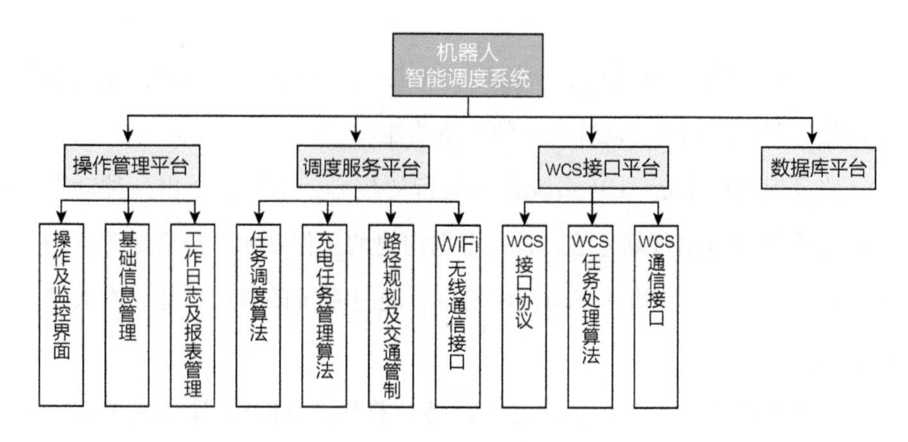

图5-7 软件组成模块

系统实现路径为接收外部系统（MES、WMS 等）发送的存取货物指令，通过路径优化算法、车辆调度算法（见图5-8），通知实体 AGV 小车按地图导航行走，小车通过激光定位、位置计算精确完成取放货物等工况。具体路径如图5-8中虚线所示，包括 AGV 地面系统、AGV 车载控制系统，而 SLAM 功能的支持视为系统高级版本提供。

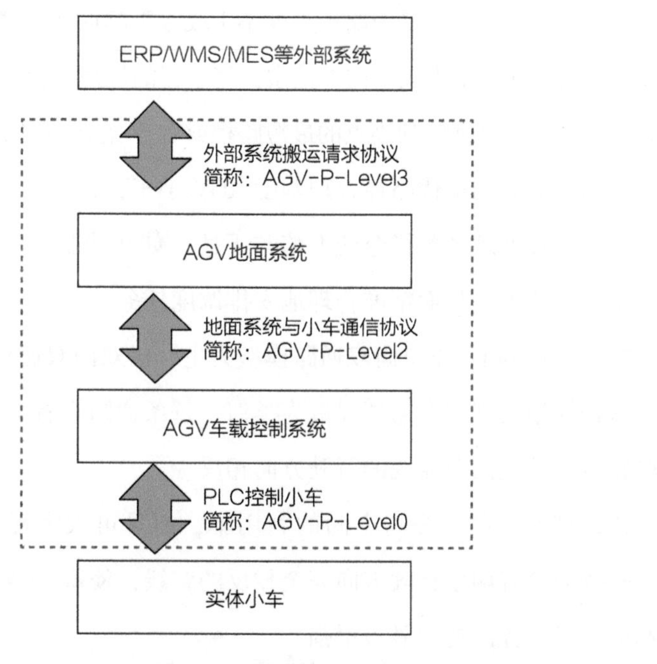

图5-8 调度算法

1）路线规划：通过迪杰斯特拉（Dijkstra）算法，求得目标点与起始点的最短路径，同时实现冲突区的避撞功能。

路径规划程序是AGV系统自动运行的核心，项目创新出一种动态的AGV小车路径方案规划方法。首先根据构建的工作站相对位置矩阵、距离矩阵以及阻塞系数来描述车间环境信息，通过系统的自动优化，有效缩短运输距离。

主要采用基于人工智能的迪杰斯特拉算法，Dijkstra算法的核心思想是，以起点为中心逐步向外层扩展，求出到各个节点的最短距离，直到扩展到终点为止。

这种算法是建立在一个带权值的拓扑图 $G=(V, E)$ 基础上的，在AGV路径规划中，权值一般取为边的长度结合速度。算法将节点集合分为 S（已求最短路径节点）和 U（未求最短路径节点）两组，在初始状态下，S 仅有起点一个节点，U 包含除起点外的所有节点。在算法搜索过程中，起点到 S 集合中的节点的最短路径长度小于或等于起点到 U 集合中的最短路径长度。算法从起始节点逐步向外搜索，将求得的最短路径的节点由 U 集合转移到 S 集合，直到搜索到终点的最短路径或者 U 集合为空，算法结束。

根据求解后的最优路径合理调度AGV小车，并建立地面系统通信，与地面系统连接处理各类指令的上传与下达，如在线状态上报、异常报警和行走指令下达等，从而精准合理地安排调度任务。

2）规划原则：以单向双通路模型为主，以双向双通路为补充。

这种模型与现实交通情况极为类似，每条通道设置为两条平行的AGV行驶路线，规定两条路线的行驶方向相反。

该模型不仅可以提高空间的利用率，而且可大大提高路径的通行效率。每条通道有两条行驶方向完全相反的路线，使得AGV系统应对优先级较高的突发任务的能力显著增强。

5.4.2_ 激光导航

激光导航技术目前在AGV小车中的应用越来越大。激光导航AGV定位精确，能够降低事故发生的概率，精准确定其当前的位置以及方向，地面无需其他定位设施，行驶路径可以灵活改变，能够适合多种现场环境。

该系统采用反光板激光雷达定位全闭环的导航方式，定位准确且安全稳定，避免磁钉导航、二维码导航等半闭环导航带来的不可控风险。激光制导示意图如图5-9所示。

图5-9 激光制导示意图

1. 导航原理

1）初次运行时初始化全局的地图数据，在AGV上构建一张现场地图。

2）在运行过程中，激光雷达有一个激光测量系统，能够在激光束的帮助下在一个平面内扫描周围轮廓。

3）在一个二维极坐标下测量周围环境，同时输出在全局坐标系下的AGV当前坐标。

激光导航技术根据激光扫描器数据精确计算 AGV 全局坐标，设计轨迹跟踪系统，通过插补算法，不断纠正小车行走角度，保证小车的行走位姿和精度，从而使小车按指定路径高精度行走。

2. 对现场环境的要求

需要在现场间隔挂装反光板，是直径为 80mm，高度为 300mm 的圆柱体，挂装密度大概为每百平方米 5 个。反光板之间的间隔如图 5 - 10 所示。

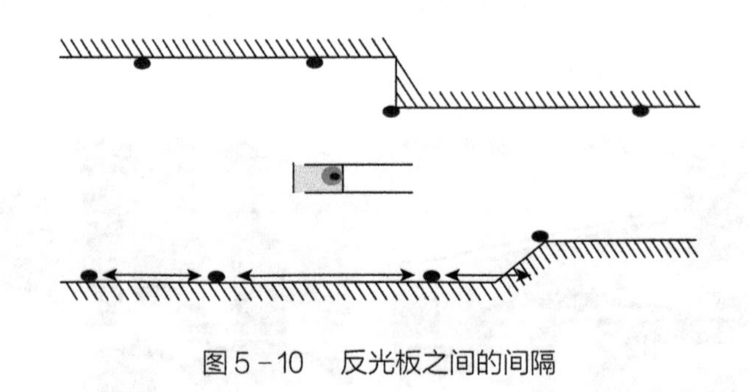

图 5 - 10　反光板之间的间隔

1）在导航精度方面，激光导航 +5mm 的高精度，能够满足绝大多数导航要求。

2）系统柔性较好，现场环境及路线需要变动时，可以实现快速变更。

3）智能化管理。AGV 小车具有安全防护功能、避障功能、离线行走功能、故障自诊断和自动充电等。如果设备在运输过程中线路方向不明确，控制系统会自动调整，为设备指明正确的运输线路，确保运输正确无误，同时开展对路占用、车辆报警等相关信息的实时采集，查询工位数据采集系统信号模块开发，全面反映 AGV 小车的运行和周围环境状态，实智能化管理。AGV 小车的外形如图 5 - 11 所示。

4）车体控制方面。通过卡尔曼滤波处理小车接收到的信号，利用三角定位方法处理返光板返回的信息，从而精确得到小车的定位。

AGV小车整车应有反光板导航叉车，有反光板激光导航背负式差速车（二维码进行二次定位），一次定位精度基于基准点X轴≤+10mm，Y轴≤+10mm，Z轴≤0.5°。若有基于二维码的二次定位功能，二次定位精度基于基准点X轴≤+3mm，Y轴≤+3mm，Z轴≤0.3°；基准点的确定根据车间现场实际工况确定。

图5－11 AGV小车的外形

5）AGV系统与MES通信。由SCADA数据采集服务器访问AGV调度系统数据库方式进行通信，AGV调度系统将小车位置信息与运行状态信息发送至MES，由MES将信息整理后发送给物料仓管员及设备维修人员，保证物料运输的及时性及准确性。AGV、MES系统交互如图5－12所示。数据内容主要包括设备状态，生产、停止、故障等设备状态，生产、停止、故障等过程数据，详细报警信息，AGV在线、离线信息，AGV小车RFID地标位置信息，AGV小车货品信息和AGV任务信息等。设备维护人员及物料发送接收人员能够及时掌握AGV动态信息，避免生产过程中的物料等待时间。由AGV负责替代人工搬运，实现了产品生产过程中的“非接触”管理，同时提高了工作的安全性。

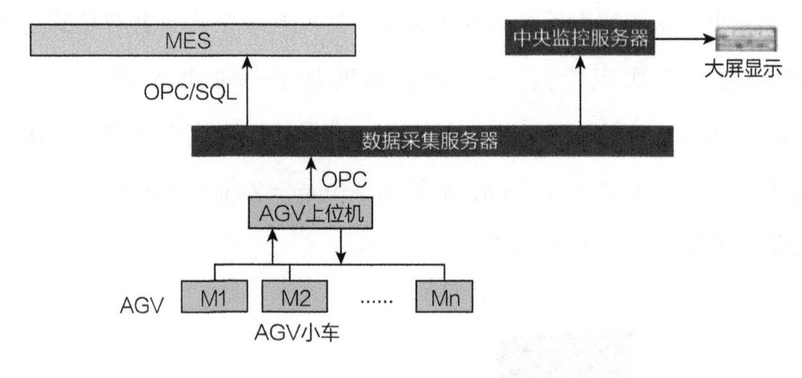

图5-12　AGV、MES 系统交互

5.4.3　MES 架构

1. MES 概述

MES 实现与生产线有关的基础信息管理、计划管理、物料管理、生产管理、品质管理、设备管理和人员管理，支持云端存储，预留与工厂 MES/ERP 系统的通信接口。

系统提供完善的统计数据以及翔实的分析数据，产生相应的报表为生产和品质提供数据和报表参考。其中，报表系统包括各采样点的详细数据，如电芯内阻、电压和容量，模组采集压差与 DCIR 等曲线。

管理员可以设定不同用户类型以及对应的功能模块，并记录所有的数据操作以及系统日志，方便事件的追踪。

2. 数据库功能

数据库系统需要根据在实际生产中出现的情况进行功能上的局部调整。考虑到生产流程的连续性，要求整套系统有很好的稳定性以及安全性，能保证 24h 不间断工作，采用双服务器和数据库备份的方式，如果当前数据处理系统出现异常，就可以自动切换至冗余服务器中。数据库系统采用双机备份，当其中一台数据库出现故障时，另一台数据库接替全部的工作，并保证两台数据库数据完全一样。保证在脱离服务器的状态下，所有工艺过程能顺利进行，但流程和数据的导入导出应等待上电后自动上传或者需要由专业技术人员（不需要对数据库进行复杂的操作）完成，保证数据的对应关系不被破坏。

数据库部分功能通过内阻电压 IR/OCV 检测设备、激光焊接设备、DCIR 检测设备硬件和软件的结合来实现，设备可以根据外部流程的导入，并且可以不依赖于数据库，对模块进行组装生产，并将数据保存在本地工作站，当网络正常后上传数据给服务器。

通过模块壳体条形码、电芯编码查看单个电池的条形码身份、内阻、电压、模组与系统 Pack 生产过程设备数据记录，对历史和当前工作的配对结果进行查找，对每一模组的当前状态进行查看，对历史和当前工作的电芯和模组状态进行查看，系统应具备数据的备份、删除和恢复操作功能，数据库系统需要根据在实际生产中出现的情况进行功能上的局部调整。

3. 在数据库中录入原材料及产品信息

1）电芯：ID、厂家、型号、规格、容量、电压和内阻。

2）支架：ID、厂家、型号和规格。

3）汇流片：ID、厂家、型号和规格。

4）模组：ID、型号、规格、图样编号、标称电压和标称容量。

4. 数据库系统功能综述

数据是系统的核心，数据采集针对车间各工序和装配线上的设备生产状态（常生产、故障和停机等）、质量数据、主要物料数据以及人员信息进行数据采集。数据主要通过 PLC、定制接口以及工控机人工录入等方式进入系统。

根据电池生产信息系统的建设需求，现场采集的数据主要包含以下几类：

1）工艺数据：与生产相关的工艺数据，PLC 执行程序号。

2）控制信息：现场操作信息、开关机信息等。

3）设备状态数据：包含设备运行、停止、故障和待机等状态。

4）质量数据：检测设备采集或者手工输入的在线检测数据。

5）物料数据：主要安装物料的条码信息。

6）人员信息：上下班的登录信息，与部件关联。

5. PLC 类设备采集与交互

系统需要根据统一的数据采集规范，将 PLC 中的数据存放在一个固定的数据存储区内，采集系统只与该存储区进行数据交互。接口规范由卖方提供，PLC 端的程序由卖方负责编写。

对于文件接口方式，若设备数据以文件的形式存放，则设备供应商应提供现场设备数据文件存储的位置，信息系统从指定目录下获取数据，解析后存入数据库。文件格式包含 Txt、Excel 和 XML 等。

采集的实时数据将在远程系统上加以显示，包括状态、报警等信息。但是，当网络通信发生故障时，数据无法传送到系统。系统将保持网络中断前的数据状态，当网络恢复后，即可显示 PLC 的当前数据。也就是说，系统总是体现当前数据的。

当系统采集到 PLC 的数据后，将把数据存储到本地数据库指定表结构中。每隔一定时间，系统把数据库中的 PLC 相关内容同步到 PIS 数据服务器中，如果网络通信中断，则数据将一直保存在系统服务器上。

PLC 自动或手动采集的电池物料信息将传送到系统数据库，以便实现生产信息的追溯。

6. MES 应用

MES 的目的在于利用先进的数字化技术构建制造业务模型，实现 S 公司生产过程的全面智能化管理（MES 功能架构见图 5-13），帮助企业提升制造现场的管理水平和透明度，优化工艺流程，改善产品质量，实现精益生产，降低生产及运营成本，并为公司整体管理提供决策支持。

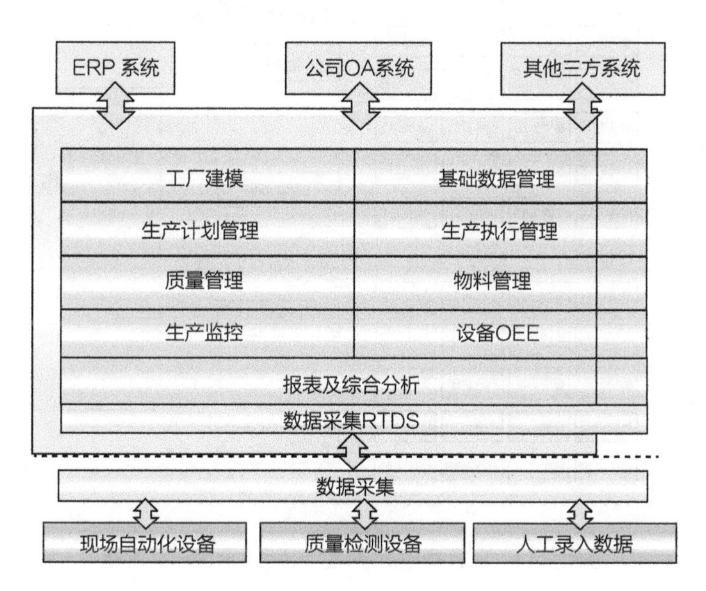

图 5-13　MES 功能架构

S 公司锂离子动力电池 MES 总体配置如图 5-14 所示，基于 MES 实现现场配置。根据业务流程及系统需要，对上线点、下线点、关键物料扫描点和质量检测点等重要工位进行标注，对相应位置进行设备配置，如 MES 条码扫描枪、整线服务器扫描枪、线边 MES 操作端、条码打印机和生产看板等。

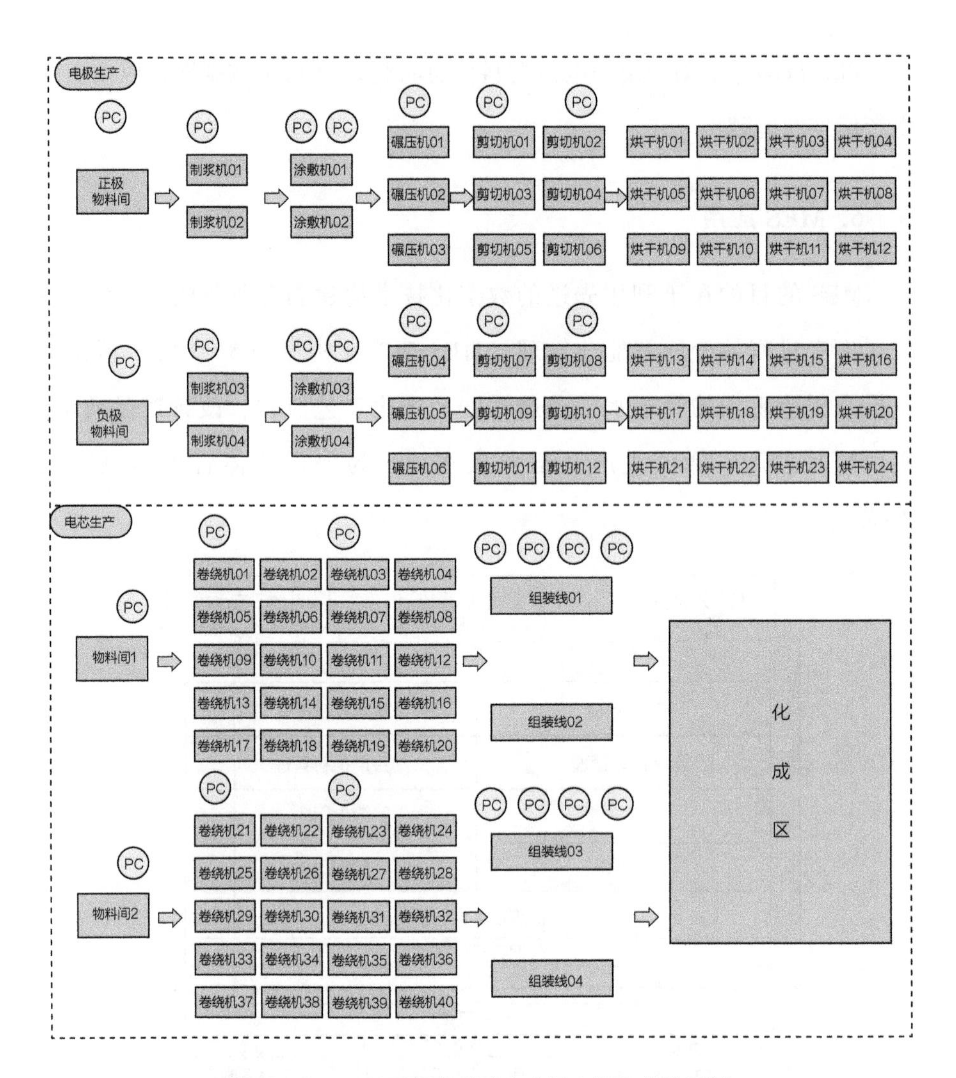

图5－14　S公司锂离子动力电池MES总体配置

（1）车间介绍　具体描述如下：

1）电极生产车间：

①正极粉浆QCMES客户端。

②负极粉浆QCMES客户端。

③正极涂敷线MES客户端。

④负极涂敷线MES客户端。

⑤正极涂敷线 QCMES 客户端。

⑥负极涂敷线 QCMES 客户端。

⑦正极碾压 MES 客户端。

⑧负极碾压 MES 客户端。

⑨正极剪切 MES 客户端。

⑩负极剪切 MES 客户端。

⑪正极剪切 QCMES 客户端。

⑫负极剪切 QCMES 客户端。

2）电芯生产车间：

①卷绕 1 - QCMES 客户端。

②卷绕 2 - QCMES 客户端。

③装配 1 - QCMES 客户端装配。

④2 - QCMES 客户端清洗 1QC。

⑤预留 MES 客户端清洗 2QC。

⑥预留 MES 客户端化成区。

⑦MES 客户端。

（2）生产工艺　具体应用到的生产工艺如下。

1）电极生产工艺：电极生产主要有 4 条制浆生产线、4 条涂敷生产线、6 条碾压生产线、12 条剪切生产线和 24 条烘干生产线。

a. 制浆生产线：制浆生产是将各种原材料混合在一起形成浆液放入储罐中，每一个储罐中的浆液当作一个生产批次，其余各种工艺参数通过自动数据采集方式上传到 MES 并关联到储罐批号，MES 根据这些信息进行统计和分析。每个储罐注满后都要上报对应的储罐批号和数量等信息，由 MES 将这些上报数据与制浆生产计划（MES 中的工单）相关联，可实时查看生产计划进度并追溯储罐批号的相关信息。

b. 涂敷生产线：涂敷生产是指在箔材表面涂上浆液并卷成母卷。MES记录涂敷使用浆液的储罐批号等材料批号。在该卷生产之前打印出母卷号和电极工艺流程卡，并将该母卷号扫描到涂敷设备中进行生产，其余各种工艺参数通过自动数据采集方式上传到MES并关联到母批号。MES根据这些信息进行统计和分析，每个母卷生产完成后，涂敷设备上报母卷号和数量等信息，由MES将这些报工数据与涂敷生产计划（MES中的工单）关联，能实时查看生产计划进度并可追溯母卷号的相关信息。

c. 碾压生产线：碾压生产是将涂敷好的母卷进行碾压以使厚度均匀且符合工艺要求。碾压完成之后同样形成母卷并且和涂敷母卷是一一对应关系，所以涂敷的母卷号和碾压的母卷号是相同的，其余各种工艺参数通过自动数据采集方式上传到MES并关联到母批号。MES根据这些信息进行统计和分析，碾压设备上报母卷号和数量等信息，由MES将这些报工数据与碾压生产计划（MES中的工单）关联，能实时查看生产计划进度并可追溯母卷号的相关信息。

d. 剪切生产线：剪切生产是将母卷分切而形成子卷的过程。在剪切之前将母卷号和工单编号扫描到剪切设备中，其余各种工艺参数通过自动数据采集方式上传到MES并关联到母批号，MES根据这些信息进行统计和分析，剪切完成后的子卷会生成子卷号，并且剪切设备根据工单编号和流水号形成子卷号，剪切设备上报子卷号和数量等信息，由MES将这些报工数据与剪切生产计划（MES中的工单）关联，能实时查看生产计划进度并可追溯子卷号的相关信息。

e. 烘干生产线：烘干生产是将子卷放入烤箱中进行干燥的过程。在放入烤箱之前要扫描子卷号，其余各种工艺参数通过自动数据采集方式上传到MES，MES根据这些信息进行统计和分析。烘干完成之后，烘干设备上报子卷号和数量等信息，这样能实时查看生产计划进度并可追溯子卷号的相关信息。

2）电芯生产工艺：

a. 卷绕生产线：卷绕生产是将子卷放入卷绕设备中进行卷绕的过程。在放入卷绕设备之前应扫描子卷号，卷绕完成之后产生的极组放入托盘（托盘有固定编号），五个托盘装一个小车看作一个极组批次，极组批次号、托盘编号、极组及托盘的关联关系和其余各种工艺参数通过自动数据采集方式上传到MES，MES根据这些信息进行统计和分析，能实时查看生产计划进度并可追溯子卷号的相关信息。

b. 装配生产线：装配生产是将极组安装到钢壳上，并进行注液和上下盖的过程。在放入装配线之前应扫描极组批号，然后在电芯喷码时将组装工单和电芯编码进行关联，电芯再放入托盘之中，托盘编号、电芯编号和其余各种工艺参数通过自动数据采集方式上传到MES，MES根据这些信息进行统计和分析，能实时查看生产计划进度并可追溯电芯的相关信息。

c. 化成生产线：化成生产是将电芯托盘放入化成区中进行充放电，高温、常温搁置，并进行电压测试和分选的过程。在进入化成区之前要扫描电芯托盘，MES将托盘内的电芯编号和位置信息传给化成区。化成完成后，化成设备将托盘编号、电芯编号和其余各种工艺参数通过自动数据采集方式上传到MES，MES根据这些信息进行统计和分析，能实时查看生产计划进度并可追溯子卷号的相关信息。

5.4.4　工业云平台建设方案

（1）主要建设内容

1）完成设备监测、故障诊断、维保服务、三方协同、数据智能等模块开发。

①设备（包括生产线）监测：实现设备及生产线的运行状态、指标、环

境参数（如环境温度）等数据实时采集、监测；可以进入某一个项目查看详细工艺流程，同时可设置控制台，修改控制逻辑参数、启停、时间控制等。

②故障诊断：锂离子电池制造设备网络模块与工厂中央网络控制中心互联互通，一旦产品发生故障，工厂中央网络控制中心就会收到警示。系统产生的报警可在平台展示的同时推送到相应人员。

③维保服务：智能制造云平台为解决维修服务延迟的难题，配备完善的维护管理服务。可通过平台维保管理，查看相应的维保任务进程状态，并可以进行触发工单、执行工单等操作。

④三方协同：实现外协派工、数据接口、资源调度、知识推送和服务评级等功能。

⑤数据智能：实现锂离子电池制造行业生产管理数据的统计和分析。

2）建立锂离子电池制造行业数据描述规范，为设备建立模板和元数据。支持设备快速接入和标准化处理，实现设备协议接入的异构性支持，支持百万级规模下锂离子电池制造系统的配置参数、运行状态和故障告警等数据的实时采集。

3）研发基于模板与设计器的数据可视化工具。平台可提供大量的界面组件，可以利用这些界面组件设计自己需要的展现界面，如设备仪表板、设备组视图、工程组态视图、性能分析视图、Dashboard视图和故障监视视图，能够直观地看到设备、系统和部门等的数据，快速高效地展示锂电池制造系统的运行工况、能源消耗等信息。这些自定义的展现界面还可以分享给其他用户使用。

4）基于锂电池制造系统设备运行数据，建立大数据分析模型。例如，可以甄选设备型号，建立锂离子电池生产线的故障分析模型、次品成因模型和能源消耗模型，以帮助进行产品设计优化与能耗优化。

（2）解决方案　本项目工业云平台建设过程中涉及锂离子电池制造设

备和生产线、工业数据网关和智能制造云平台三类重要实施对象，依据每类对象各自领域的技术需求和特点设计解决方案。

1）锂离子电池制造设备和生产线。锂离子电池制造设备数量大，种类复杂，包括制浆机、涂敷机、剪切机、卷绕机和物流小车等。设备运行状态、指标的监控需要各种不同的传感器、仪表和控制器，设备数据感知与控制技术是本项目平台的基础。本项目在设备数据感知与控制的基础上，通过嵌入式软件和程序开发，实现使传感器、智能仪表和控制器等与工业网关、智能制造云平台的数据交互通信。

2）工业数据网关。为实现锂离子电池制造设备的集中监控，需要通过多种通信技术及不同的通信协议实现设备、云计算平台和工业网关之间复杂的数据传输。本项目在工业网关和云平台建立两层协议适配器，工业网关中加载设备适配协议，云平台中运行接入适配器，适配工业网关协议，能够大幅度降低设备接入的复杂性。

3）智能制造云平台。锂离子电池制造系统中设备类型多样，品牌不一，实现设备数据协议解析的标准化对项目建设及实施推广有着根本性的影响。本项目需要解决大规模设备接入时的数据传输效率和数据存储性能问题，实现海量数据的并发接入和存储。项目以锂离子电池制造的行业设备大数据为核心，利用基础数据形成行业应用，满足锂离子电池制造工厂的设备监测、故障诊断、次品预检、维保服务和三方协同等功能的业务需求，通过不断地进行数据积累、汇聚，建立行业预测分析模型，实现数据智能价值分析。云平台收集的数据为产品追溯提供了依据。

5.4.5 人工智能技术应用方案

1. 锂离子电池质量提升应用机器视觉

随着锂离子动力电池产业的快速发展，市场对锂离子动力电池的安全性能、使用寿命等提出了更高的要求。锂离子电池基材在生产过程中，因为涂敷机、辊压机造成正负极的亮点、暗斑和漏金属等缺陷，在锂离子电池电芯制造过程中，采用机器视觉检测的方式替代人工对极片进行检测，挑选出次品基材，实现基材检测的智能自动化。

本项目为实现锂离子电池卷绕装备实时自动检测极片缺陷或检测粘接保护胶带是否符合工艺要求或卷绕对齐度等功能，联合体应用人工智能基数自主开发机器视觉检测技术，实现装备检测智能化。

通过 CCD 摄像模块采集电池极片、焊接极耳及胶带的图像数据，处理模块接收和处理获取图像数据，判断极片表面涂层、边缘活性物脱落、极耳是否满足预先的设定值及胶带粘接是否合格等，对不良品自动分选。

（1）基于机器视觉的极耳保护胶带检测技术　极耳保护胶带的缺失或位置偏移过大将导致电芯质量不合格，快速有效地检测这种缺陷是防止质量风险的保证。

本项目的 21700 电池卷绕机采用机器视觉检测极耳保护胶带缺失和位置偏移情况，检测快捷，不需要极片出现停顿，检测过程有效可靠，可有效防止质量风险的发生。

该技术实现的 ±0.1mm 检测精度，包括极片宽度、极耳长度、极耳上裹胶长度、胶带覆盖铝箔宽度（上、下、左、右共 4 处）和胶带贴出极片宽度（上、下、左、右共 4 处）。机器视觉自动检测胶带如图 5－15 所示。

（2）基于机器视觉的缺陷监测　入卷前设置高速 CCD 相机和高穿透 LED 光源，智能采集极片和隔膜影像，自动检测极片是否存在缺陷（亮点、暗斑、漏金属等），最小检测面积为 $0.1mm^2$。漏金属检测如图 5－16 所示。

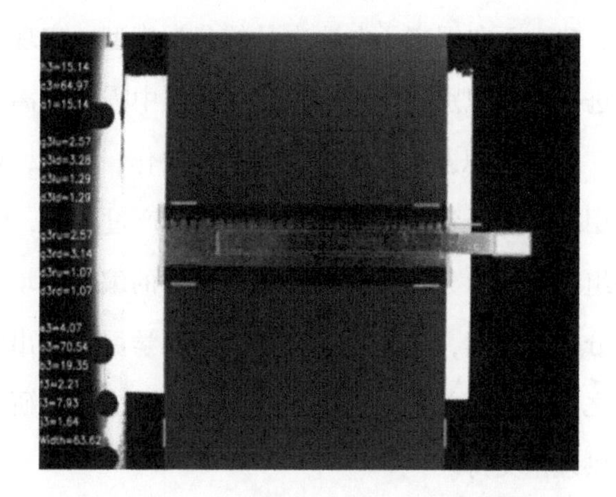

图5-15　机器视觉自动检测胶带

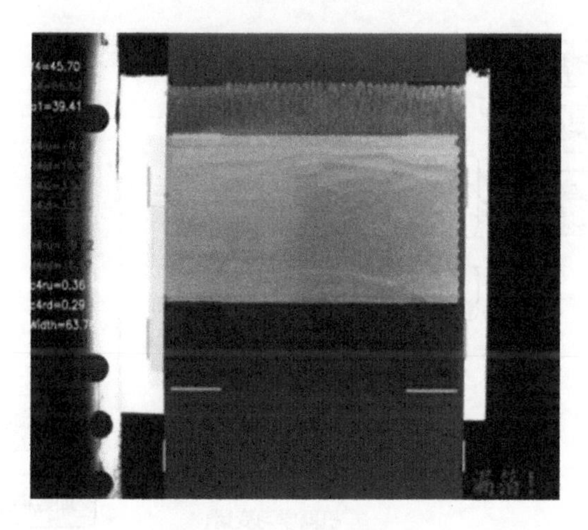

图5-16　漏金属检测

可将CCD智能检测技术应用于锂离子电池基材分切、涂敷等工序，锂离子电池制造商可通过CCD系统的成功应用，在生产过程中形成生产数据图表和数据，为实现缺陷产品的分类、分析和上下游追溯提供可靠的技术数据支撑。

2. 工业云平台锂离子电池质量分析模型应用机器学习

基于机器学习技术，对锂离子电池生产过程中的所有相关数据进行深度挖掘和学习，建立面向锂离子电池次品的分类模型，实现对产品的有效评价，对次品进行精准识别和预判。在这一过程中需要锂离子电池制造行业的业务专家、IT 专家以及数据处理专家共同协作。首先，业务专家将大数据分析的通用技术结合到具体的锂离子电池生产过程中，IT 专家协助进行数据收集和组织，并为分析人员提供人机友好的编程环境。数据处理专家对数据进行分析和建模，通过数据挖掘，深度学习归纳出锂离子电池次品与生产工艺之间的关联关系，为工程技术人员对次品的研判和工艺流程的科学调度提供理论支持。

机器学习算法流程如图 5－17 所示。

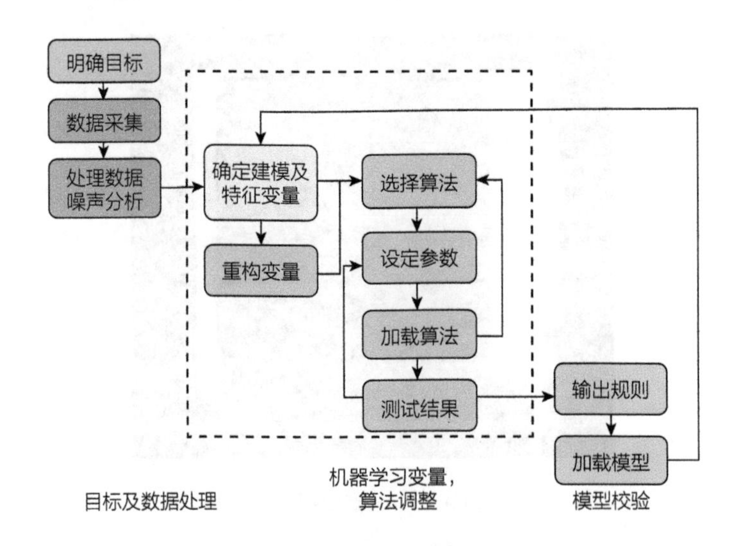

图 5－17　机器学习算法流程

结合本项目，应用机器学习的数据挖掘与分析的重点如下：

（1）次品追溯　电池的装配流程比较长，从粉料混料开始，历经匀浆、涂敷、碾压、剪切、烘干、卷绕、装配、化成、老化、后处理和分选等多个工序，历经 15 天左右。电池不良品的分选步骤设置在最后环节，不良品主要包含容量次品、内阻次品、自放电次品和外观次品等。其中，自放电次品的比例最高，影响电池在应用端的使用寿命。

影响电池自放电的因素有很多，原材料粉料中的磁性物质含量、金属杂质含量、水分含量、材料烧结的品质、电极及装配制作过程中的粉尘、水分控制，隔膜原材料的强度及孔隙等对电池的自放电都会产生影响。如此多的影响因素，有些是单一影响，有些是组合影响，不一而足。

由于锂离子电池生产线很长，当检测到自放电时，人工追溯很难确定到底是哪道工序出了问题。通常情况是每道工序独立地满足质量要求。因此，很多情况下找不出原因，从而不了了之。这就造成同样的问题反复出现却得不到解决。

本项目试图通过数据深度挖掘和深度学习理论进行次品的生成根源追溯。通过长时间的历史数据积累，收集多批次产品对应的各道工序的参数值，比如通过比较相同和不同产品质量的数据，通过对不同的工序、流程进行梳理，归纳并整理出造成或显示产品质量差别的各类参数，并对这些参数进行“维度”划分，即按原材料、工艺流程和自然环境等进行“多维度”标识，构建锂离子电池生产参数多维度数据集合。通过采用成熟的深度挖掘、深度学习算法对所生成的大数据进行学习和训练，建立面向锂离子电池次品的精准识别模型。进一步通过对学习、挖掘的结果进行数据融合，抽象及归纳出良品锂离子电池和次品锂离子电池与原材料配方、生产工艺设置等之间的关联关系，实现对“次品锂离子电池”产生根源的追溯。在这一过程中需要工艺专家的全程参与。为了更彻底地帮助工艺专家推断出次品锂离子电池产生的深层原因，设计出发现、避免次品的高效生产方案，可以通过在工业云平台上用平行坐标（ParallelCoordinates）展示多维数据，有利于工艺专家从另一个角度快速发现参数之间相对关系的模板。另外，为了增加数据的多样性，在工厂试运行期间可以通过人为改变生产参数设置的方式，观察并记录出现次品的条件、参数和原因。

（2）次品预测　S公司的全自动生产线速度快，每天可以生产100万只电池，按照常规方法要在15天以后才能进行判定，在此期间，生产的电池数量已经达到了1500万只，产品货值达2亿元人民币。如果因为各种原因导致批次电池的自放电不良，并且该影响因素在此阶段一直存在，由此造成的固定损失是非常大的。

通过建立起影响自放电的各种参数大数据，对影响电池自放电的各种参数进行分析，找出其中单一及组合的影响因素，从前期监测的各种条件就可以判定出批次的自放电不良，早做预防，可以大大减少损失。

同理，可以将大数据结合深度学习的方法应用于评测电池的各项性能，如循环寿命预测、日历寿命预测。

结合以数据分析方式进行的次品根源追溯，建立基于深度学习的次品预测模型，找到次品发生时包括生产线参数等呈现的统计规律。根据次品预测模型对当前生产批次的锂离子电池的各种参数进行学习训练，实现次品的精准识别。在生产工序中问题发现得越早，由此导致的浪费越小。

通过早期工序数据分析出次品的置信度范围，从而估算出误判造成的损失和正确判断产生的节省之间的比较数据。通过数据统计分析，当次品数据的置信度足够高时，即使是成品的情况下，仍会生成提前终止当前批次生产的判断，从而有效降低不良品率。

06

第6章 项目实施的意义

6.1 项目解决的重大问题

（1）提高动力电池单体一致性　由于锂离子动力电池的生产流程比较长，工艺参数很多，如何在电极粉浆、涂敷、压切、卷绕、装备和化成各主要工序过程中确保单体电池的一致性，是行业普遍存在的难点。单体电池一致性直接决定了批量电池成组后的电性能乃至安全性能。

首先，相比于传统的“料罐搅拌”方式制造电极，本项目通过首创的连续制浆工艺，从电极阶段即提高生产的连续性，进而提高包括涂敷、压切、卷绕和自动化成等智能化生产装备的集成应用，实现动力电池全流程非接触式生产，极大改善了单体动力电池生产的一致性。

（2）降低动力电池制造成本　新能源纯电动汽车整车成本的1/2是动力电池的成本，由于新能源整车价格居高不下，汽车电动化的推进进程始终不尽人意。要想让电动汽车走进普通家庭，必须要降低动力电池成本。

本项目的实施，通过智能化的车间管理和生产运营，减少了低附加值的人员投入，减少了人力成本。同时，在能耗一定的情况下尽量提高电池产量，并通过合理的工艺优化降低原材料损耗，实现电池生产的制造成本和人工成本下降，推动电动汽车的产业化水平提升。

（3）带动核心智能装备的国产化　动力电池产业作为知识密集型、资金密集型产业，产品性能的提升包括原材料厂商和装备制造商整个产业链能力的提升。为了保持我国动力电池产业长期健康可持续发展，必须要提高短板装备制造水平。

本项目国产化率较高，有力拉动国产装备的研发投入，逐步将我国高端锂离子电池的生产制造水平提升至国际先进水平，进一步提高产品市场占有率，提升生产制造企业的生产计划和经营管理水平，促进我国锂离子电池行业国产装备制造升级，带动精密锂离子动力电池成套装备生产基地的建设。

主要研究开发的短板装备有：

1）高速双面多层挤压式涂敷机。

2）高速卷绕一体机，该装备集自动换卷、卷绕和测试等动作于一体，卷绕效率大于或等于3个/min。

3）CCD智能检测系统，使装备具备在线监测隔膜/极片OVERHANG错位功能，采用CCD智能采集极片和隔膜影像，实时采集左右极片和上下隔膜之间错位距离，检测精度为±0.05mm，产品良品率大于或等于99%，提高锂离子电池安全性能。

4）动力电池全自动组装生产线，实现芯包组合、极柱焊接、贴胶、包胶、入壳和封口工序，生产效率高于12只/min，合格率大于99%，应用传感及信息控制技术实现来料及出料连续在线监控并可追溯。

6.2_ 与国内外先进水平的比较

（1）产品指标与国内外先进水平的比较　本项目生产21700圆柱形锂离子动力电池，该电池采用具有自主知识产权的电池盖设计，电池盖厚度降低了12%，节省了高度空间，结构改进使得电流切断装置（CID）及泄压保护阀（Vent）的一致性大幅度提升，CPK 由 1.0 提升至 2.5 以上；实现了两正两负多极耳的对齐卷绕，箔材厚度降低 30% 以上，功率密度提升至 3900W/kg；电池壳采用预镀镍技术，可实现 10 年以上的防腐蚀；21700 电芯较行业传统的 18650 电芯在系统成组时数量可减少 35%，成组后单位瓦时的制造成本可降低 20% ~30%。该项目产品国内外主要技术指标比较见表 6－1。

表 6－1　该项目产品国内外主要技术指标比较

主要技术指标项		国内外先进水平	本项目达到的水平
产品先进性	单体容量	4.7A·h	4.7A·h
	循环寿命	500 次 73%	500 次≥75%
	内阻	≤33mΩ	≤16mΩ
	充电倍率	0.5C 快充	1.2C 快充
	热失稳安全性	通过率不足 50%	连续测试 200 只，无失效

（2）生产工艺与国内外先进水平的比较　目前国内相关企业大多采用传统的行星式匀浆方式，本项目采用先进的螺杆挤出方式制浆，大大降低了电能的消耗，可以充分保证浆料的分散性，全密闭的设计保证了车间的环境控制并防止匀浆过程中发生异物引入现象，进而提升电池的良品率及可靠性。极片涂敷工序采用先进的喷涂方式、双层涂敷方式及宽幅箔材的应用，提高了产品性能一致性。卷绕工艺引入了多极耳设计，该设计能够确保电池在尺寸加大之后仍能很好地保证电池较少的发热量。其他诸如极耳形状、胶带贴附以及 100% CCD 检测等细节则更好地保证了电池的安全性能。

（3）生产装备与国内外先进水平的比较　本项目粉浆设备颠覆传统大罐制浆方式，创新采用了新型双螺杆挤出机制浆设备。该新型制浆方式可实现正极 1300kg/h，负极 1000kg/h 的产量，极大地提高了粉浆制浆产能。涂敷设备采用 1.3m 的宽幅涂敷机，比行业平均使用涂敷机宽一倍，不仅提高了生产效率，而且因为极片边缘涂敷面密度低于中间部位，宽幅涂敷使得边缘比例下降（传统涂敷机占比 20%，宽幅涂敷机边缘条占比 10%），材料利用率与过程一致性均得到了提高。卷绕设备集成应用高速极耳焊接技术、高速保护胶带粘贴技术、高速插片技术、高速卷绕技术、高速终止胶带粘贴技术和高速下料技术，各环节部件动作并行执行，实现了整机的快节拍生产。各部件之间加入极片缓存，且各部件由独立极片驱动，使部件可并行动作，不相互影响。装配线体采用 200 只/min 转盘传动方式，为行业内最大运行节拍速度。极组上料至预化成后装盘下线经过 13 道主装配工序，每道主工序由若干分解装配组成。整个过程无需人工参与，由全自动装配线自动完成。项目短板装备国内外先进性比较见表 6－2。

表6－2　项目短板装备国内外先进性比较

序号	关键短板装备名称	对比		
		本项目	国内	国外
1	21700 圆柱形电芯卷绕装备	1. 设备产能最高 30 只/min 2. 张力波动在 ±5% 以内 3. 卷绕对齐度为 ±0.3mm 4. 极片切断位置精度为 ±0.5mm 5. 具有三级纠偏功能（放卷、过程、入卷） 6. 电芯合格率≥99% 7. 设备稼动率≥98% 8. 设备具有双正极耳合焊功能，且焊接合格率≥98%	1. 设备产能最高 18 只/min 2. 张力波动在 ±10% 以内 3. 卷绕对齐度为 ±0.8mm 4. 极片切断位置精度为 ±1.5mm 5. 具有二级纠偏功能（放卷、过程） 6. 电芯合格率≥92% 7. 设备稼动率≥88% 8. 设备不具有双正极耳合焊功能	1. 设备产能最高 25 只/min 2. 张力波动在 ±7% 以内 3. 卷绕对齐度为 ±0.5mm 4. 极片切断位置精度为 ±1.0mm 5. 具有三级纠偏功能（放卷、过程、入卷） 6. 电芯合格率≥96% 7. 设备稼动率≥92% 8. 设备具有双正极耳合焊功能，且焊接合格率≥96%
		380 万元	360 万元	475 万元

（续）

序号	关键短板装备名称	对比		
		本项目	国内	国外
2	涂敷设备	1. 涂敷最大宽度为1350mm 2. 涂敷最大速度为35m/min（间隙涂敷，间隙为10mm） 3. 涂敷量控制在±1.5% 4. 涂敷烘干热源：纳米烘干＋热风烘干，混合型 5. 涂敷方式：挤压式喷涂＋双层涂敷	1. 涂敷最大宽度为700mm 2. 涂敷最大速度为20m/min（间隙涂敷，间隙为10mm） 3. 涂敷量控制在±1.5% 4. 涂敷烘干热源：热风烘干 5. 涂敷方式：挤压式喷涂＋单层涂敷	1. 涂敷最大宽度为1300mm 2. 涂敷最大速度为30m/min（间隙涂敷，间隙为10mm） 3. 涂敷量控制在±1.5% 4. 涂敷烘干热源：热风烘干或纳米烘干 5. 涂敷方式：挤压式喷涂＋双层涂敷
		2000万元	800~12000万元	3500万元

（4）信息系统与国内外先进水平的比较　本项目建设完成后，可实现从最基础的自动化生产设备到最高层的ERP系统的有机整合，实现了电池生产各环节的质量监控、各工艺参数的实时监控和产量的实时查询，使生产过程具有完整的可追溯性，达到无纸化生产管理，提升了电芯单体的一致性，提升了能源及原材料利用率，降低了生产制造成本。作为核心零部件，动力电池的成本控制，直接促进了我国新能源汽车产业化、规模化的发展，提升了我国动力电池产品在国际市场上的竞争力。

（5）人工智能应用与国内外先进性的比较

1）计算机视觉。本项目的建设已经完成，可在产品质量提升方面，针对电池极片外观、极组保护胶带和极耳检测三个关键环节创新性地应用基于人工智能的计算机视觉检测系统。使用计算机视觉检测系统，极大地降低了不良产品流入后道工序的概率，提高了生产线直通率水平，保障单体电芯性能的一致性。

2）机器学习。本项目针对质量追溯和质量预测两个关键环节创新性地应用基于人工智能的机器学习。

通过积累锂离子电池多批次产品对应的各道工序的参数值，构建锂离子电池生产参数多维度大数据集合。采用深度机器学习算法对所生成的大数据进行学习和训练，建立面向锂离子电池次品的精准识别模型。进一步通过对学习、挖掘的结果进行数据融合，抽象、归纳出良品锂离子电池和次品锂离子电池与原材料配方、生产工艺设置等之间的关联，从而实现对“次品锂离子电池”产生根源的追溯。

目前，日、韩等锂离子电企业，如三星、松下等已规模化应用计算机视觉实现在线质量检测，国际上也在探索应用机器学习实现锂离子电池次品的追溯和预测。

6.3_ 项目实施对行业的影响和带动作用

（1）促进产品结构化调整　截至2016年，我国动力电池行业以传统18650电池为主打型号。对比传统18650电池，21700电池的制造成本优势更加明显。本项目新增产能全部为21700电池，核心原材料全部为国内厂家供应。从行业发展看，本项目实施有利于促进国内圆柱形动力电池厂商调整产品结构，对标国际一线。

（2）引领自动化应用突破　本项目生产装备的自动化程度属于国际先进、国内领先水平，包括宽幅涂敷、速度达200只/min的装配线和仓储式化成后处理系统，在我国动力电池产业上属于“零突破”的应用，电极的“连续制浆”技术也在全球属于领先水平。

（3）全流程整合高端制造　动力电池生产工艺多，流程复杂，各工序专业强，装备制造商分散，接口协议不一致，因此国内尚无动力电池厂家能实现全流程的 MES 整合。本项目全流程采用 MES，突出了人工工时、材料利用率、排程计划和质量管理各个方面的数据整合。

（4）提升全产业链国产化率　本项目设备总投资 3.5 亿元人民币，关键工序国产化水平比较高，国产化率达到 80%，有力拉动了动力电池装备供应商的研发、生产投入，进而带动全产业链的提升。

实施本项目，一方面可以带动全行业的自动化设备应用水平，另一方面可以在先进自动化设备的基础上，探索出一条自动化与信息化融合的道路。以 SCADA 系统为依托，对 MES 和 ERP 系统进行整合，实现数字化工厂，制造出一致性高、质量稳定的动力电池产品，提高生产效率，降低产品成本，带动下游新能源汽车行业发展，促进我国新能源汽车的推广应用并建立全产业链的竞争优势。

07

第7章 关于锂离子电池汽车产业发展的建议

根据锂离子电池汽车产业发展战略，结合当前产业发展实际情况，我们认为至少应在以下几个方面做好工作。

7.1_ 完善政策机制

1）国家在政策制定上应及时跟进和引导产业发展，建立更加完善的市场体制；协调地区间合作，消除区域壁垒；通过完善法律体系，规避恶性竞争等行为，促进产业合理健康有序发展。

2）尽快出台汽车“三包”规定，完善新能源汽车保险等相关政策，建立消费者维权通道，引进第三方检测机构，建立消费者维权基金，保障消费者权益。

3）研究交通运输环节存在费用过高、不合理收费等现象，找到问题症结，疏导原材料流通通道，降低原材料成本。

4）继续加大对新能源汽车产业研究经费的投入，对车企、电池厂商和研究机构的高新科技项目给予大力扶持。同时，完善高新项目贷款制度，加大税收减免政策力度，加强新能源汽车产业的宣传工作。

5）尽快建立碳排放定价体系，出台更加严格的环保法规和政策，加大政府公务用车采购对纯电动汽车的政策倾斜，积极发挥示范作用。

6）应运用宏观调控手段，推动产业内兼并或重组，整合和优化产业链，提高产业聚集度。鼓励上游企业与整车企业形成产业联盟，共同规避市场风险，提高整体效益。

7.2_ 审视市场策略

1）审视国内市场。国内研究多提倡先在一、二线城市打开试探市场，再向三线城市及市郊城镇全面铺开的策略。然而，政策滞后造成的小型电动汽车上路、保险等一系列问题都是城市购车者的顾虑。相比之下，乡镇反而具备优先推广的优势。加之城市化进程极大地改变了原有城乡结构，致使消费市场重新定义并迅速扩张，单一的“先城市后乡镇”策略不再适合当前的市场环境。因此，厂商应针对这种形势变化，重新审视市场策略，调整动作。

2）拓展国际视野。车企或电池厂商应该加强国际市场的培育工作。我国制造企业在全球范围内均有较大的成本优势，更有多年的国际市场经验。近年来，世界金融危机、欧债危机引发全球经济颓势，中国制造受到青睐。我国的纯电动汽车出口规模逐渐增大。但是，要想取得不错的国际市场份额，仅仅依靠成本优势是不现实的，产品质量和服务的提升是关键因素。厂商应在参与国际竞争的过程中，丰富自身的企业文化和底蕴，并学习国际先进的运营理念，提高自身的赢利能力。

7.3_ 提高研发能力

1）厂商必须以研发工作为重中之重。国内厂商在传统汽车领域长期弱势，在一定程度上影响了产业自身研发体系的正常发展。新能源汽车尤其是锂离子电池汽车产业，已经迅速起步，与欧美日传统汽车强国尚无明显差距，建议整车厂商或电池厂商抓住机遇，积极参与产业间、行业内的合作，大力吸引世界优秀人才，抓住国际合作的机会，通过参与国际技术标准的制定来加强对未来行业标准话语权的争夺。

2）技术研发不能顾此失彼。电动汽车的“三电”（电池、电动机和电控）技术都会造成短板效应。车企在着力发展锂离子电池技术的同时，不应忽略对电动机和电控技术的研发工作。

7.4_ 做好终端工作

1）重视消费市场的培育。目前，新能源汽车的消费培育工作滞后于产业发展，消费者对新能源汽车的认识和信心不足。除了政策引导外，终端市场培育仅仅依赖商家广告，效果很不理想。消费者不可能看到几十秒钟的广告或一次现场活动，就心甘情愿拿出数万元甚至数十万元去买一台自己不了解又少有耳闻的产品。国内生产企业应借鉴国外模式，并结合具体国情加以创新。首先应在推广手段上进行创新，更重要的是在服务意识上创新。店大欺客的潜意识过时又短视。终端市场不仅要播种施肥，更需要耐心维护，才会取得丰硕的成果。

2）解决充换电争端。目前，电动汽车充换电问题并未解决，其实质涉及车企和电力企业的博弈。车企一直把插电式充换电模式作为发展方向，但是，由于能源供应企业提出了以更换电池为主的发展模式，导致双方矛盾开始显现。另一方面，能源供应企业提出的换电路径，不仅加强了电动汽车能源补充的便捷性，提高了电动汽车的竞争力，而且是从电力供应的实际情况做出的客观选择，利于缓解国家供电压力，并充分利用风能、太阳能等新能源。

3）合理规划充换电站建设。充换电网络建设是终端服务的关键环节，建议政府规划部门与行业（车企或电池厂商）保持信息共享，共同协商充换电站的规划工作，逐步建立完善的充换电站网络。当然，充换电站的建设，需要在电池管理者（电池租赁商或充换电站）与电池供应方之间架构科学有效的电池管理体系，包括电池租赁制度、电池更换制度、电池充电制度、电池日常监护制度和电池回收制度等。

08

第8章
下一代智能工厂展望

随着动力电池研究开发进程的不断推进，新技术、新产品将最终出现。以富锂锰基和全固态电池为代表的新技术有望实现产业化，目前正在建设的生产工艺和装备可以适应其生产需求。而金属锂离子电池（锂硫电池、锂空气电池等）和燃料电池要到 2025 年以后才有望形成产业化。由于锂离子电池完善的产业链和良好的性能，在金属锂离子电池和燃料电池等颠覆性技术实现产业化以后，锂离子电池也将会长期存在。

动力电池未来的技术发展方向为：成本要求更低，性能和安全要求更高，电池材料追求高容量密度、薄型化、重量轻和高安全性，工艺路线要求更高的自动化水平。在电池产品体系选择方面，未来一段时间，三元和磷酸铁锂两种技术路线将并行，但终将由政策驱动转向市场驱动。在乘用车领域，追求品质性能的高端乘用车市场仍将主打三元电池，而追求性价比的中低端乘用车、商用车或将采用磷酸铁锂电池。

智能制造是一种由智能机器和人类专家共同组成的人机一体化智能系统，在制造过程的各个环节都体现出了人工智能特性，例如生产过程自适应调整、工艺自主规划以及智能故障诊断。专家系统作为人工智能最活跃的分支之一，将在未来的智能制造领域发挥巨大的作用，从制造业领域专家中提取出宝贵的经验知识，模拟专家的思维方式对制造过程进行推理分析，例如具有联想记忆特性的案例推理、具有模糊不确定性的模糊推理。专家系统将在未来的智能制造领域形成大规模的分布式知识库共享平台，并基于更加丰富化的推理方式进行智能制造决策，将会扩大或延伸人类专家在智能制造中的脑力活动，进而将智能制造提升到更加柔性化、智能化以及集成化的高度。

未来智能工厂的转型受三种关键技术的影响，即机器人、3D 打印和物联网。下一代智能、功能多样、移动性强和价格低廉的机器人使自动化走进创业公司和小企业，为客户提供个性化定制。使用 3D 打印技术将颠覆生产零部件的方式，大大减少浪费，同时带来前所未有的创造力。物联网将带来一套新的系统，在这套系统中，机器、零部件、产品、生产商、供应商、客户以及几乎每个人和其他一切事物都可以相互通信。其目的不在于创造无止境的闲聊和无用信息，而是要缩短从订单到产品的时间，朝零缺陷、零停工迈进，杜绝系统浪费。

参考文献

[1] 吕佳歆，张翠萍. 锂离子电池在电动车上的应用前景 [J]. 化工时刊，2019 (3)：38－44.

[2] 吴宇平，张汉平，吴峰，等. 锂聚合物电池 [M]. 北京：化学工业出版社，2007.

[3] 钱伯章. 聚合物锂离子电池发展现状与展望 [J]. 国外塑料，2010，28 (12)：44－47.

[4] 李方方，张晓龙，吴怡，等. 我国动力锂电池行业现状和发展趋势 [J]. 交通节能与环保，2016，12 (3)：14－16.

[5] 闫金定. 锂离子电池发展现状及其前景分析 [J]. 航空学报，2014，35 (10)：2767－2775.

[6] 吴宇平，万春荣，姜长印，等. 锂离子二次电池 [M]. 北京：化学工业出版社，2002.

[7] 李守殿. 数字化工厂建设方案探讨 [J]. 制造业自动化，2018，40 (4)：109－114.

[8] 周佳军，姚锡凡，刘敏，等. 几种新兴智能制造模式研究评述 [J]. 计算机集成制造系统，2017，23 (3)：624－639.

[9] 杨林. 中、日、韩三国锂离子电池发展概况 [J]. 电池工业，2003，8 (3)：137－139.

[10] 王宏伟，邓爽，肖海清，等. 国内电动车用动力锂离子电池现状 [J]. 电子元件与材料，2012，31 (6)：84－86.

[11] 黄可龙，王兆翔，刘素琴. 锂离子电池原理与关键技术 [M] .4 版. 北京：化学工业出版社，2011.

[12] 徐振. 锂电池一般特性及管理系统分析 [J]. 广西轻工业，2009，10 (3)：35－37.

[13] 李乾坤. 锂离子电池生产工艺及其发展前景 [J]. 化工设计通讯，2018，44 (7)：205.

[14] 丁月利. 锂离子电池电极制造工艺 [J]. 科技经济导刊, 2017 (26): 105.

[15] 任扬. 圆柱形锂离子电池压力封口技术及测量方法 [J]. 锻压装备与制造技术. 2018, 53 (3): 130-132.

[16] 杨娟. 锂离子电池化成条件对化成效果的影响 [J]. 河南科技, 2017 (10): 139.

[17] 李峰, 李伟. 基于负压下的锂电池自动封口机的设计与实现 [J]. 机电技术, 2015 (6): 2-4.

[18] 贾永丽, 李海英, 张丹, 等. 动力电动汽车锂电池在电动汽车中的应用 [J]. 节能, 2014 (12): 4-7.

[19] 雷晶晶, 李秋红, 陈立宝, 等. 动力锂离子电池管理系统的研究进展 [J]. 电源技术, 2010 (11): 1192-1195.

[20] 胡信国. 动力电池进展 [J]. 电池工业, 2007, 12 (2): 113-118.

[21] 雷惊雷, 张占军, 吴立人, 等. 电动车、电动车用电源及其发展战略 [J]. 电源技术, 2001, 25 (1): 40-46, 59.

[22] 张浩, 樊留群, 马玉敏. 数字化工厂技术与应用 [M]. 北京: 机械工业出版社, 2006.

[23] 吴宇平, 戴晓兵, 马军旗, 等. 锂离子电池——应用与实践 [M]. 北京: 化学工业出版社, 2004.

[24] 彭忆炎, 孔建寿, 陈轩, 等. 面向智能制造的作业车间调度算法研究 [J]. 南京理工大学学报, 2017, 41 (3): 322-329.

[25] 朱从民, 黄玉美, 上官望义, 等. AGV 多传感器导航系统研究 [J]. 仪器仪表学报, 2008 (11): 29-11.

[26] 朱剑英. 现代制造系统模式、建模方法及关键技术的新发展 [J]. 机械工程学报, 2000, 36 (8): 1-5.

[27] 黄君政, 李爱平, 雷明. 基于 NSGA-Ⅱ的多目标设备动态布局方法 [J]. 中国工程机械学报, 2014, 12 (1): 1-6.

[28] 张志檩. 国内外制造执行系统 (MES) 的应用与发展 [J]. 自动化博览, 2004, 21 (5): 5-11.

[29] 罗凤, 石宇强. 智能工厂 MES 关键技术研究 [J]. 制造业自动化, 2017 (4): 45-49.

[30] 李伯虎，张霖，王时龙，等. 云制造——面向服务的网络化制造新模式[J]. 计算机集成制造系统，2010，16（1）：1-7.
[31] 章少华，谢冰. 锂离子电池的研究发展（一）[J]. 佛山陶瓷，2003，8（4）：21-24.
[32] 余国华，锂离子电池在轨道交通车辆中的应用[J]. 电池工业，2012（5）：299-305.
[33] 李勤. 再造一个特斯拉？松下欲在中国建18650电池工厂[J]. 中国外资，2017（7）：68-69.
[34] 龚炳铮. 推进我国智能化发展的思考[J]. 中国信息界，2012（1）：5-8.
[35] 里鹏，刘莎. 数字工厂助力智能制造[J]. 中国工业评论，2015（4）：43-47.